JN181129

福島のおコメは安全ですが、食べてくれなくて結構です。

三浦広志の愉快な闘い

はじめに

二〇一一年四月二六日。ＪＲの東京山手線新橋駅近くにある東京電力本社前には、通り過ぎる人がびっくりするような動物がいた。牛である。

「東電　俺げの田んぼ汚したな　許せねー」。こう手書きされたむしろ旗も見える。福島県農民連（農民運動連合会）などが組織した「東電は全面的に償え！　抗議・賠償請求行動」の一幕である。3・11からまだ一月半、メルトダウンした原発がどのようになるのかも見えてこず、多くの福島県民がまだ不安と混乱のなかにいるとき、闘うことを決意した農民の姿がそこにあったのだ。

その三週間ほど前のことである。福島県農民連の会議が二本松市で開かれていた。会議は大もめにもめる。農民連とは、日本の農業と農家の経営を守るために闘う農民の集まりだ。

キャベツやほうれん草が出荷停止となり、農民の収入は途絶えている。酪農家は避難場所から牛にえさをやりに毎日行くが、その牛は息絶えていく。「福島の東電支社の前で座り込みをしよう」。会議参加者の怒りは収まらないのだ。

東京電力本社前デモの様子（2011 年 4 月 26 日）

一方の農民連幹部。「それは良くない。東電支社の社員のなかには被害を受けた県民がいて、必死にがんばっている。東電支社に怒りを向ければ、県民を分断することにならないか」。

そのとき、ある男が発言した。本書の主人公である三浦広志（55）だ。

「あ、それだったらその座り込み、東京の東電前でやらない？」

大激論がとたんに終息する。東電支社前の座り込み行動に賛成していた人も反対していた人も、「それならいい」と顔を明るくした。「東京本社ならバス出して、連ねて、みんなで行けるぞ」、「それなら牛も連れて行こう」。話はどんどん盛り上がっていく。

東電本社前での座り込みは大成功した。全国版のニュースにもなった。何より、闘う相手は誰かということを、福島の農民が自覚できた。

三浦は振り返って言う。

「敵は福島県内の東電ではなくて、本社なんですよ。敵を仲間のなかにつくっちゃダメなんです。東電の社員の家族や親戚が福島県にはいっぱいいるわけですよね。僕の親戚だって東電の関連会社にいるし、友人だって勤めています。その人たちが必死になって、炉心をなんとかしようと思って、がんばっている。そういうときに、福島県のなかでけんかをするよりも、一丸となって、そこを守って、立て直していこうという方向にした方が絶対にいいに決まっているじゃないですか。でも、それは東京に行かなかった人たちには見えてこないわけですよね。僕は一時的に東京に避難していて、そこから福島を見ることができたから、そういう気持ちになれたんだと思います。でも、福島県内にあのときいた人たちは、福島のなかで悶々としていたわけです。なんとかしたいと思いながら……。方向性を見定めてやっていかないとダメだと、あのときしみじみ思いました」

その三浦。原発が立地している「浜通り農民連」の副会長を務める。福島第一原発から二〇キロ圏内の南相馬市小高区で暮らしてきた先祖代々の農家である。

もちろん、いまそこでは農業ができるわけもなく、北に五〇キロの新地町で農業を再開し、自分のつくったコメを全国の人が食べてくれる日が来るのを夢みて、日々精を出している。農業の傍らで、国と東電を相手にした交渉では必ず先頭に立ち、ソーラーパネルで発電するための法人づくりなど、いろいろなところに顔を見せる。原発事故の現状を視察に全国から訪れる人びとを毎年二〇〇〇人以上案内する。

その三浦にはじめて会ったのは、毎年3・11の福島を訪ねるという旅行社の企画の二年目のツアーのときだった。こんな惨状のなかで、愉快な人もいるもんだなあという印象をもつ。

三年目のツアーのときだった。コメづくりを再開していた三浦は、みずからが深く関わっている野馬土（のまど）の産直センターで、収穫したコメを全袋検査する機械を見せ、放射性物質の数値を示し、他

国会前に立つ三浦さん

の県産のコメよりも安全だと宣言しつつ、ニコニコしながら言い放った。

「福島のおコメは安全ですが、食べてくださらなくて結構です」

こいつは何を言っているんだろう。ツアー客はみんな、安全な農産物づくりに努力する農民の姿を見て、激励し、自分のまわりの人にも福島のコメを薦めるために来ているのだ。「食べてください」だろう！

だけど一方で、妙に納得する自分もいる。コメをつくっている当事者から安全を宣言され、さあ買ってくださいと言われて、科学的にはそうだろうなと思っても、食べるのを押しつけられているように感じる人もいるかもしれない。

そういう人にとって、三浦のような人物がいることは、福島の農民は自分たちが納得するまで待っていてくれるという安心感をもたらすかもしれない。それがかえって福島の農民への信頼をもたらすかもしれない。

放射能が福島の農産物にもたらす影響をめぐって、「安全だ」という人と「危険だ」という人の対立が解けないでいる。その接点は案外こういうところにあるのかもしれない。

どうしても三浦のことをもっと知りたいと考えた。「愉快に闘う農民」——三浦を一言で形容するとその言葉しか思い浮かばない。三浦は何を考えて闘っているのか、こんな現状のなかで何が楽しいのか。それを知りたくて取材を重ねた。是非、全国のみなさんにも、その姿を伝えたい。

もくじ

● 福島のおコメは安全ですが、食べてくれなくて結構です。

——三浦広志の愉快な闘い

第一章

その日のこと、その前と後のこと

1、その日のこと

●二〇一一年三月一一日午後二時四六分

あのとき、三浦は、相馬市のはまなす館にいた。市営の総合福祉センターである。三浦が参加していたのは「重税反対集会」。毎年三月のその時期、中小業者や農民は、高い税金を下げろと要求して全国規模で集会をやるのだが、その相双郡（相馬と双葉）版ということになる。

集会を終え、外に出てきた参加者は、みんなでずらっと並び、トラクターも三台並べて、二時四五分にデモ行進に出発した。隊列の先頭が出発したばかりで、後ろについていた三浦は、まだほとんど歩いていない。

二〇一一年三月一一日午後二時四六分。大震災の襲来である。

あまりの揺れの大きさに、参加者は、はまなす館の壁にずっと手をついたまま、揺れが収まるのを待つ。みんな家族に携帯をかけるが、まったくつながらない。

そんな場合には家に帰ろうとするのが普通だと思うのだ。しかし、何十年もつづく集会に参加してきた固い信念をもつ参加者だからだろうか、「携帯がつながらなくては情報が分からない」、「情報が分からないうちはどうせ動けない」ということになり、とにかくデモはやってしまおうということになった。

●すでに津波は押し寄せていた

デモ行進をやって、相馬税務署までみんなで歩いていく。行進が到着すると、税務署員が玄関で出迎える。さすがの税務署もあきれかえっていた。「ホントにやるんですかあ？　中はぐちゃぐちゃですよ」。

重税反対行動では、重税に反対するという意思を表明しつつ、納税申告書に判子をもらうのが通例である。集会参加者は、「余計なことを考えないで、判子を押してください」と言って押してもらう。

ここまでが震災から一時間くらいだろうか。あとで分かったことだが、デモをやっている最中、すでに津波が押し寄せていた。デモを続けたことは、予期せぬことだったが、最善の結果になったのだ。

デモの途中で帰った仲間もいたが、そのなかには津波で流された人もいる。三メートルの津波ってどんなものだろうと見に行ったわけだが、一五メートルの津波が来たわけだから、とても逃げ切れなかったのである。

●想像はしていたが想像とは違うものだった

デモが終わった頃、みんなの携帯がつながり始める。「津波で家がなくなったから帰ってくるな」とか、「避難場所はここだ」ということを知らせる電話だった。三浦の携帯にも、福浦小学校にみんなで逃げたという連絡が来る。

三浦はすぐに仲間の車に乗せてもらい、福浦小学校に向かってもらう。ずっと山沿いの道を走り、小高区あたりまで来たら、常磐線の線路の下から水が吹き出している。

三浦は「あれ?」と思う。想像していなかったことだ。そこをよけながら踏切を渡ったら、どんどん車が流れてくる。津波のことはそれまでも問題になっており、自分なりに分かっているつもりであった。けれども、その現実を目のまえにして、「ああ、これが津波なのか」という気持ちが迫ってくる。想像はしていたつもりだが、想像とは全然違うものだったのだ。

小学校に近づいたので、礼を言って途中で下ろしてもらう。そこから山を登ったり降りたりをくり返しながら国道に出る。国道6号線はがれきと泥そして水でドロドロだった。そこをずっと歩いて避難場所である小学校に着いた頃には、もうあたりは真っ暗だった。

小学校にも電気がなくて真っ暗である。どうやったら家族と会えるのか、本当に無事だと確認できるのか、分からなくて思案する。

そのうち、トイレの前に立っているのがいい!と考えついた。正解だった。待っていたら一五分

津波でガードレールが何キロにもわたってなぎ倒された

第一章　その日のこと、その前と後のこと

くらいで妻がトイレにやってくる。家族は無事だったのだ。

●もともと海だった場所だから

あのとき、三浦の妻・良子（54）は家にいた。

実は震災のずっと前から、津波が来たときはどうしようかということを、妻との間では何度も話し合っていたそうである。

一〇年以上前のことになる。津波堆積物を調査するために大学の先生がやって来た。「三浦さんの田んぼは干拓地全体にあるので、ここだけ許可を取れば調査がすむので、三浦さんの田んぼでやらせてください。穴を掘っていいですか？」と聞かれた。別に断る理由もないので、調査をしてもらった。

そのとき、掘った堆積物を見せてもらったそうである。小高区のそのあたりはもともとは海なので、堆積物には白い砂の層があって、その上に真っ黒な津波堆積物の層がある。その上にまた白い砂があってというような構造になっている。それを見せられながら、「このくらいの地震と津波が来たら、ここは水の底になるんですよ」と教えてもらっていたのである。

その先生が、「ここの地名はなんていうんですか？」と聞くので、「岬です」と答えたら、「そうでしょう」と納得した様子であった。そして、もし津波が来るようなことがあったら、小高町役場（今の小高区役所）くらいまでは押し寄せますよ、という話を聞いていたのであった。

●必死に三次避難所まで逃げて

そういうことがあったし、三浦の家は川沿いに建っていたから、津波になったら一度打ちあげられた波が、家をめがけて逆流してくることも予想されていた。

集落で一次避難所だと決められていたのは、海から五〇〇メートルくらいの、低いところにある公会堂である。今回の津波で跡形もなくなるような場所だった。二次避難所は三浦家の裏の神社で、福浦小学校は三次避難所とされていた。

あのとき、集落の人たちはみんな、いったんは裏の神社に避難していた。ところが三浦の妻だけは、「こんなところにはいられない」といって、福浦小への避難を主張する。そして、「何で逃げるの？」という家族を説得して、逃げたのである。家族以外の周りの人たちには笑われたけれども、必死に逃げて福浦小学校まで避難した。

神社にいた近所の方たちも幸い助かった。しかし、津波で自分の家や田んぼや家族が流されるのを、神社から目の当たりにすることになるのであった。

津波で自宅の周りが湖のようになり、水が引かない

●「船宿でもやるしかないかなあ」

家族は、軽トラックと乗用車で避難していた。その日の夜は、乗用車には五人家族が入り、軽トラックのなかに犬を乗せ、暖房を付けたり消したりしながら夜が開けるのを待つ。

翌日の朝、自宅はどうなっただろうかと見に行くと、波打ち際に隣の家の人がいた。ずいぶん早く片付けに来たんだなあと思っていたら、実は逃げ遅れた人たちだったのだ。

三人いたのだが、そのなかには寝たきりのおばあさんもいる。近くで消防団が遺体捜索をしていたので、その人たちに救助を頼んだ。消防団の人はニコニコして、「いまからすぐ救急車をもってくるから！」と走って行く。死んだ人たちを探すより、生きた人を助ける方がうれしいから、当然のことだろう。

三浦の家の辺りは、一面湖のようになっている。まったく水が引く様子がない。「これはもう、ここで船宿でもやるしかないかなあ」と、夫婦で会話する。ここで農業を継続することなど、まったくあり得ない状態だということが、すぐに理解できた。

●浪江の人が逃げているという情報が……

そういう会話を交わしている頃だ。周りで、「なんか浪江の人が逃げているらしいよ」という噂が流れてきた。それまでは、津波のことで頭がいっぱいで、原発のことなんか考えてもいなかった。

避難所に駐車している三浦の車の隣には、三浦の同級生の車が止まっていた。原発関連会社の役職に就いている同級生だ。彼は、原発のことは何も口にせず、真っ青な顔をして、家族に「後は頼むぞ」と言い残して、夜中に出て行った。奥さんたちを置いて現場に行ったのだろう。やっぱり秘密厳守なのか、三浦どころか家族にも何も教えなかったようだ。

いずれにせよ、浪江の人が逃げるわけだから、原発から一二キロしか離れていない避難所が安全なはずがない。「じゃあ、ここは近すぎるよね」ということで、小高工業高校にまでとりあえず行ったが、そこも原発から一五キロくらいのところだ。

そこでもいろいろな情報が入る。やはり危ないということが分かり、三浦はみんなに逃げようと言った。しかし、息子が東電に勤めているような人たちは、みんな信じてくれない。「そんなはずはない」と言って動かない。それでも、とにかく逃げなきゃと説得していた、そのときである。

●「避難は自由だ」と言われても

「まもなくベントします」という放送がラジオから流れてきた。三月一二日の朝のことだ。ベントとは、いまでは有名になったが、炉心の爆発を抑えるために放射性物質を外に出すことだ。放射性物質が放出されれば、周辺が危険な状況になることは明白である。

三浦は、市役所職員に向かって、「東電がベントするって言っているんだから、みんなを避難させなきゃダメだよ」と説得する。しかし、職員たちは、「避難命令が出ていないから、私たちはここを動くわけにいかないんです。もし避難されるのであれば、原町市内に小中学校の体育館を準備していますから、ご自由にしてください」と言う。

「自由にしてください」と言われても、なかなか避難できるものではない。みんな津波にやられて避難してきているわけだが、見つからない家族もいるのだ。家族を探しに行くには、近い避難所が便利なことはいうまでもない。また、何かあればあそこで落ち合おうと約束してきた避難所だから、そこに家族がいないと、後からたどり着いた被災者は困ってしまう。だから、みんな逃げられないのだ。

仕方がないので、三浦は自分の家族だけをつれて、原発から二五キロの石神中学校の体育館まで避難した。そこはがらがらで、布団も準備されており、休むことができそうだった。

その日の夕方である。一号機が水素爆発を起こしたのは。みんなバスに乗せられ、連れてこられた。三浦は、避難所に泊まらず、車でずっとラジオを聞いていて、三号機も危ないみたいだなと心配していた。

●娘を放射線にさらすわけにはいかない

一二日の一〇時頃である。仙台に遊びに行っていた娘・春香（26）が、心配して帰ってきてしまう。どこに家族がいるか分からないので、まちがってまず小高まで行き、友だちのご両親の車に乗せられて、ようやく三浦の家族がいる避難所に着いたのである。

三浦はまずいと思った。どの程度の放射線が拡散するか分からないのに、娘をそれにさらすわけにはいかない。

次の日、三浦家は、朝一番で相馬まで行く。相馬のアリーナという名前の避難所に到着したが、これからどうするか家族みんなが迷っていた。そうこうするうちに、夕方の四時頃だろうか、避難所からみんな外に出されて、一カ所に集められて、遺体安置所の隣にある施設に連れていかれた。三浦たち南相馬市の人びとは隔離されたのだ。

三浦たちは、先に先にと行動していたが、後の人たちがバスに乗せられてくるのは、爆発が終わった後のことである。

避難所の環境はどんどんひどくなっていく。水もトイレもないところで、後から来るお年寄りは、どんどん二階三階に上げられてしまう。時間の経過とともに、一階にいた素早く動ける若い人は、もっと遠い場所に避難していく。一方、二階や三階にいたお年寄りは、数も多いしなかなか動けない。大変な状況だった。

●親戚の家へ、東京へ

三浦たちは、一六日には、避難所を出て親戚のところへ移ることを決意した。最初の頃に来て、一階のいい場所を取っていたので、そこに足の悪いお年寄りを入れてあげることにした。しかし、最終的にそこは危険建物に指定されたので、みんなまた別の場所に移されたそうである。

一六日の朝。その日は雪が降っていて、後で分かったことだが、放射線量の高い日であった。三浦たちは伊達市の親戚のところへ避難する。コメはあったが、おかずがなく、山のふきのとうを食べて過ごした。

一八日の朝になったら、福島の放射線量が二四マイクロシーベルトと発表されていた。あのふきのとうも、相当なものだったのだろう。

一九日の朝。タンクローリーが高速道路を通ったというニュースが流れる。「よし、これで行ける」と思い、みんなで東京の小金井に向かった。

三浦の娘は、この年の春、大学を卒業して東京の会社に就職し、二月から小金井にアパートを借りていた。六畳一間のロフト付だったが、とにかくいられるだけはそこにいようということで、三浦と妻は娘とともにそこで暮らしはじめる。父・勘司と母・トシは、息子とともに、千葉県の多古町にある産直センターで生活することになった。

●避難生活のなかでの父の落ち込み

この時点で、農業のことは三浦には考えられなかった。田んぼは水浸しのままである。それを放置したまま逃げてきたのである。とにかく逃げることと、状況を把握することしか考えられなかった。

父・勘司は、自分で土地を作ってきた人だ。小高の田んぼは、洪水になると水が溜まって底なし沼のようにぬかるみ、稲が病気になってしまう。いままでの災害では、必死になってポンプで水を汲み、一生懸命田んぼを守ってきた人なのだ。そして、水利組合長を長くやっていて、入る水と出る水を管理できるような仕組みをつくってきた。そのための工事の最中、いろいろなトラブルがあって、土地の斡旋で問題があったときもすべて自分で引き受けて、私財をなげうって解決するというようなかたちで、あの田んぼをつくってきた。

ところが、田んぼが津波で水浸しになったのに、福島にいる間、何もできなかった。避難して以降も、水浸しの田んぼの記憶が抜けきれないのか、三浦に対しては、「水を汲め〜、水を汲め〜」と、ずっと必死に訴える。「でも、避難してきているわけだから、無理なんだよ」と三浦が言うと、ものの凄くしょぼんとしてしまう。

もともと、糖尿病や事故の後遺症があり、元気がなかったのは事実である。だが同時に、それまで愛してきた土地がダメになっていくのが分かって、どんどん落ち込んでくる。避難所から親戚の

小高の墓の前で

家に行けたので、薬も買えるようになったのに、薬なんかいらないやと投げやりになり、食事もだんだん食べなくなってくる。話しかけてもなかなか反応しなくなる。

●父の死

多古町に移って、夫婦二人で孫もいて、気分転換になったかと思ったが、そうではなかった。三浦が福島に行くとき、「一緒に行こうか」と声をかけても、もう福島なんか見たくもないという感じで、「オレはいい」と声を絞り出す。糖尿病が悪化し、透析をすることが必要で入院もしたのだが、「透析なんか、もうやらなくていい」とまで言いだすのである。自分が生涯をかけてつくってきたものがすべてダメになってしまったというのは、人生で最大のショックだったのだろう。

本当であればもっと治療を受けられたのだろうが、本人に病気を治す意欲がなくなったようだった。父親は二〇一一年一〇月七日に息を引き取った。

葬式は千葉の火葬場でやらせてもらった。一二月には相馬で、知り合いを呼んでもう一度やった。元の小高の墓は地震で崩れていたが、それを二〇一四年に直して、そこにお骨は入れた。他の場所にお墓をつくりなおすことも考えたが、離れた場所につくっても、母がお参りしたときに知り合いがこないのでは寂しいだろうと思ったのだ。

2、その前のこと

三浦の父親は、東京・目黒で生まれ、世田谷の三軒茶屋で五人兄弟の真ん中、唯一の男の子として育った。第二次世界大戦のときは小学生で、福島の川俣と飯野の境にあった酒屋に疎開をしていたそうである。

東京の空襲で家族が焼け出されたので、終戦後、東京に戻るか、どこかで農地を探して農業をやるか、どちらかを選択しなければならないという話になった。そのとき、疎開先で相当な飢えを経験した小学生の父が、農業をやると決めたらしいという話だ。

●ひいじいさんの小作争議

三浦の母・トシは小高区で生まれている。小高で農業をやっていた母方のひいじいさんというのは、この地域の干拓事業が始まった大正時代、常磐炭鉱から入植してきた一団の一人である。干拓地なので、雨が降れば水浸しになり、日照りになれば塩が吹き出すというような厳しい土地であった。

田んぼがぬかるむので、田舟と呼ばれる船を浮かべて稲刈りをする。やませといって、北東のオホーツク高気圧から吹き出す冷たい風が吹き、冷害になったりすると、コメは十分にとれなくなる。生活は相当大変だったそうだ。飢えて、壁土まで食べる生活だったたという話が伝わっている。

地主は、米を年貢として無慈悲にもって行ってしまうような人だったそうだ。農民が生活もできないのに、そんなことにお構いなしにだ。

それでもやはり、三浦のひいじいさんである。このままでは生きていけないとして、仲間と小作争議を起こし、その当時すでにあった生協の建物へ、闇に乗じてコメを運んでしまったりしたそうだ。ちなみに、その地主の係累は、いまも自民党の国会議員をやっている。

●典型的な「さんちゃん」農業

そういう厳しい環境のなかにあったために、小作人が逃げ出して空いている土地があった。三浦の父親が入植できたのは、そんな土地があったおかげである。皮肉なものだ。

そんな恵まれない条件だから、もちろんコメだけでは食べてはいけない。三浦の父親はずっと出稼ぎに行っており、盆と正月、そして田植えと稲刈りにしか帰ってこなかった。

父親のいない間は、後に残ったじいちゃん、ばあちゃん、かあちゃんが牛や豚を飼い、田んぼの世話をして暮らしを立てていた。いわゆる典型的な「さんちゃん」農業である。雨になれば水浸しになり、日照りになれば塩が出る田んぼに、その「さんちゃん」が立ち向かうのである。

もちろん三浦も、小学校の頃から農業の手伝いをしていた。苗ぶちといって、田植えのときに子どもがぽーんと苗を投げる。大人がその苗を植えていき、なくなる頃を見計らってまた大人の前に稲を投げる。この作業を日曜日に手伝わされるのである。

すると、月曜日はたいてい疲れが出て、熱を出して休む。アレルギーがあって肌も弱く、体力もなかった小さな三浦には、かなりの重労働であった。農業は大変だし、しんどいなあという思いがあった。

あの頃はみんな貧しかったから、「こんなものか」と三浦は思っていた。しかし、現在の農業しか知らない息子は、あんな仕事には立ち向かえないだろうなあとは思う。それくらいの過酷な環境であった。

●水が出ない田んぼをようやく手にしたのに

少しの雨で田んぼが水浸しになり、塩が出るというような状況は、ずっと続いていた。ほとんど毎年洪水に見舞われるし、三年に一度はやませが吹いて大冷害にあう。とくに一九九三年は最大規模の大冷害で、福島のコメ作りは大きなダメージを受けた。それをきっかけに外国産米がはじめて入ってきた年のことである。

一方、その年を境に、温暖化の影響だろうか、やませが弱くなり、冷害は減った。他方、大洪水はずっと続いてきた。毎年、台風が来れば大雨になり、稲穂をくぐるほどの水が出る。そうすると、黄化(おうか)萎縮病(いしゅくびょう)という病気がでるのである。そういう状況が毎年続いていた。これを何とかするのが、この地域の農民の悲願となっていた。

農民たちは、水が出なくなるよう、この周辺の基盤整備事業をやることを政府に求めた。ある年のこと、地元の衆議院議員が農林水産省にかけあって一〇億円の予算がつくことになり、みんなで喜んだのである。ところが、その年は一〇億円の予算がとれたけれど、それ以降一〇年間は予算が付かないかもしれないと言われ、途方に暮れる状況だった。

その頃である。自民党、社会党、さきがけの連立政権ができていて、基盤整備事業を受け持つ建設大臣には社会党の野坂浩賢氏がなっていた。農民連は、土地改良問題で、農水省交渉をおこなった。松本善明衆議院議員にも関わってもらい、はじめて建設大臣に陳情すると、「そんな大変な状況の場所があることを、なぜいままで教えてくれなかったんだ」と言われた。そしてすぐに二〇〇億円くらいの予算が付くことになる。

ここから基盤整備事業が急速に進んでいった。その予算で排水と用水をきちんと整えたので、大きな洪水が起こらないようになる。三〇億をかけたポンプができ、大垣ダムから水を引いて、これで一応事業が完成したとほっとしたのである。小高区井田川の田んぼは、こうやって農民が一から作り上げてきた田んぼなのだ。

大震災が襲ったのは、その三年後だった。何十年も努力し、せっかく整備したものが、津波ですべて潰れてしまった……

●落語家か弁護士か農業か

三浦は、中学校の頃、落語家になりたかったという。笑顔で暮らしていけるのが一番いいなと思っていたから、笑いを取る落語というのが、たまらなく魅力的だった。

高校に入った頃は、弁護士になりたかった。困っている人を助けることに興味をもったのだ。でも、弁護士は困った人を助けられるのはいいけれど、困る人がいないような世の中ができることが大事だという思いもあった。食べるものがたくさんあれば困る人は少なくなる。そういう発想が生まれてきて、農業も大事な仕事だと思えるようになってきた。

だが、父親はあれだけひどい土地で大変な思いをしたせいか、「農業はいいものだ」という程度のことしか言わない。農業を継いでほしいとは一度も言ったことがない。進路については好きなようにやればいいと思ってくれていたようである。

三浦は、自分は自分なりのやり方で農業をやればいいと考え、高校二年の時に本気で農業をやろうと決心した。誰にも相談はしなかった。三浦の気持ちのなかでは、農業を「継いだ」という意識はなく、自分の仕事として農業を選択したという感覚だそうだ。

農業をすると知ったときは、父親も喜んでいたそうである。三浦は知らないが、母親がそう教えてくれた。

とはいえ、高校は普通科で、それまでは弁護士になる予定だったので文系だった。このまま卒業しても、どのように農業をすればいいのか分からないと思った。そこで大学の農学部に行こうと決めたのである。

そのためには理系を選択しなければならない。国語と社会科の教師には、「おまえの適性は文系なのに、なんでそっちへ行くんだ。考え直せ」とずいぶん言われることになる。

いろいろ悩んで、農学部のなかでも、受験科目では文系の比重の高い岩手大学を受けることにした。岩手大学は古文漢文も必要だし、社会も二つ受けなければいけなかった。

●「歌って踊って岩手大学か」

大学では豚の繁殖を研究した。普通の論文は、有意差のないことを証明するのであるが、三浦は、有意差がありすぎて、「こういう結果が出ました」、「こういう結果も出ました」と、たくさんの結果を提示するという変わった論文発表をした。それで笑いを取ったりしていたのだ。

農業だけではない。生物がどういう仕組みでできているのかということも勉強させてもらった。非常に有意義な大学生活だった

勉強以外の学生生活では、歌声サークルに入り、歌ったり、踊ったり、司会をやったり、イベントをやったり。それがメインとなるほど楽しんだ。親戚には「歌って踊って岩手大学か」なんて言われたりもした。

最後の半年は、物理だけ単位を残していて、家から大学まで行き来する。当時、物理は大嫌いだった。まさかいまになって、人に放射能の話をするようになるとは思わなかった。

卒業後はすぐに小高に戻る。その頃、実家は田んぼのほかに養豚業をやっていたので、大学で豚をやってきた三浦がそれを担当することになる。

●「うたごえ」を通した妻との出会い、結婚

結婚したのは二六歳の時。妻はサラリーマン家庭のお嬢さんだ。いわき市にある合唱団「えくぼ」の事務局長をやっていた。

その合唱団が、岩手大学出身の歌手・きたがわてつのコンサートを企画し、大学の歌声サークルの名簿で福島在住者を探したらしく、「参加しませんか」と電話がかかってきたのがきっかけである。コンサートに行ってみたら、とてもかわいい子がいて、一目惚れ。しばらく歌や踊りに遠ざかっていてやりたくなったということもあったが、さっそく「えくぼ」の研究生になり、週に一回、小高からいわきに通う生活になる。

ところが、彼女は研究生ではないので、何回行っても会うことができない。でも、その年の年末、ちょうど大阪で「日本のうたごえ祭典」があり、研究生もふくめてみんなで行こうということになる。会場で座ってみると、ちょうど隣にいたのが、あのかわいい子だった。年上かと思っていたら、どうも年下らしくて、「あ、そうなんすか?」という感じで言葉を交わす。福島に戻ってきて、正月にゴジラ映画に誘われて一緒に行って、それからつきあいをはじめる。

妻の家族は、三浦が農業をしているということで、結婚に反対する。ある日、妻から「ものすごく反対されている」という電話があり、「じゃあ、いまから行くから、家族みんなを集めておいてくれ」と言って、妻の実家へ行った。

一時帰宅がはじめて許可された日。妻と自宅前にて

どう説得したかはよく覚えていない。おそらく、これからの展望を延々と語り、経営的に心配しないで大丈夫だと話したように思う。その後、妻の実家からの反対はピタリと収まる。妻も結婚後は農業を手伝ってくれた。

3、その後のこと

●「福島には私たち国家公務員は行けない」

東京の娘の家に避難して五日後、三月二四日のことであった。全国農民連による震災後第一回目の農水省交渉が開かれる。東京にいた三浦は、当然のこととして交渉に参加した。

いつからそうなったのかは覚えていないが、自分は無類の交渉好きだということに気づく。東京と福島を毎週往復して、東京にいる間は農水省に行ったり、東電に行ったりしながら交渉する日々がはじまった。福島県で農家をしている三浦が、避難している東京で農水省交渉に参加すれば、それだけで現実にかみあった交渉が簡単に成り立つことになるので、東京の農民連本部からも期待された。

交渉の過程で印象に残っていることがある。

浪江町の請戸港より

三浦らが「福島に来て実情を見てくれ」と求めたときのことだ。役人が、「福島のような危険な所には私たち国家公務員は行けないことになっているんです」と言ったのである。実際、震災当時に福島の中通り地方に応援に来ていた役人たちも、みんないったん撤退した時期があった。

カッとなりそうになったが、興奮してしまっては実利を獲得する冷静な交渉ができない。それに、役人が福島に来ないなら、福島の実情を伝えられるのは自分たちだけになる。彼らがちゃんとした政策を出さないときは、「実情に合わない」とこちらが言えば、彼らには反論できないことにもなる。

そう思えば冷静になれる。三浦は、「実情に合わない政策では福島は復興できない」と

海の向こうに見える福島第一原発

いう立場で、福島の状況を伝えるのを重視することにした。

●交渉はしてみるものだ

とりあえず何とかしないといけないのは、津波でコメが流されたことの補償である。三浦にとっても八六〇〇万円分ほどの借金が新たにできた計算になる。だが、津波による被害は保険が下りない仕組みなのである。

その借金をなんとかしたいが、中小企業庁のそれまでの制度ではせいぜい二割、三割の価格で買い取るので、流されたコメ全部を買い取ることには銀行が応じてくれない。そこで、農水省に対して実情を具体的に伝えながら、政府が検討している支援機構はとにかく役に立つ制度にしてくれと交渉していった。

金融庁にも伝えてくれと強く求めた。

その制度は三月中にできた。コメの借金全額を支援機構が買い取り、元金はとりあえず五年間は返済しなくていいということになった。返す場合、無利子というと贈与のようになるので、利息はつくことになった。最初、一%と言われたが、「それはちょっと多すぎるんじゃないの」と言ったら、「じゃあ、〇・四%にしましょう」といきなり下げてくれた。交渉はしてみるものだ。

できたその日のうちに三浦は支援機構の窓口に行った。「どうすれば、その制度に乗れるのですか?」と相談し、折衝して、書類づくりを進めていく。

こういうことをやりながら、三浦がその制度認定の第一号になった。制度を無事スタートさせることができた。

最初に認定されることで、その後の認定がスムーズにできるわけである。以前は救えなかった人が、これでだいぶ救われるようになってきた。何でもとにかく前例をつくるのが大事なのだ。

●机上の空論の復興方針を前にして

東京の娘の家に避難していた三浦夫妻は、五月末、福島に戻ってきた。三〇日から南相馬市にある仮設住宅に入ったのである。

六月、三浦は復興組合をスタートさせた。田んぼのガレキ拾いをやって、一〇アールあたり三万五〇〇〇円のお金が国からでる。それを働いた人たちに配る仕組みである。

この仕組みがあることは、農水省交渉のなかで知った。農業新聞にも、一〇アールあたり三万五〇〇〇円が出ると報道された。みんな最初は、何もしなくてももらえると思っていた。だが、説明会に行ったら、そうではなく、働いた人に払う仕組みだと分かる。

当初、水系ごとに復興組合をつくってやるのだと言われた。上の方にある田んぼから順番にガレキを取り除いていくので、その水の流れごとに復興組合をつくり、ガレキを撤去しながら復興していくというものだった。

しかしそれは机上の空論である。被災の状況はさまざまであって、できる人もいればできない人もいるのである。水系ごとにガレキを撤去するなんて、ただの物語にすぎない。本当は、できるところ、できる人からやらなければならない。農水省のやり方ではダメなのだ。

●福島の実情にあった制度ができた

農協に行っても、幹部が「うちは被災者だからできない」と三浦に言う。いまは非常時なんだから、平常時と同じようにやっていてはダメだ、やれる人からやるようにしようと説得をするのだが、「無理だ」との答え。市や町も、「いまはそれどころじゃないんです」と言うのである。

みんな被災者なのだから、大変なのは分かる。だが、農業を復興させようと思ったら、ガレキは撤去しないとダメだし、農業ができるようになるまでの間、農民には収入が必要だ。それなのに、被災者だからできないと言っていたら、いつまでたっても復興できない。

農協をベースにしていてはできないのだったら、農民の組合である農民連でやるしかないと三浦は思い、農水省と交渉した。そのなかで、財務省が出している条件は、共同でやることと働いた人に給料を払うことの二つだけだと分かる。

「共同ということは、少人数でも共同だよね」と確認する。大丈夫だという答だ。その後、二人以上でも「共同」という条件に合致することになった。これで家族でもできるようになる。

次にクリアーすべきは、ガレキがなくなった二年目からはどうするのかということだ。これも詰めていったら、草刈りや見回りでもOKということになる。

家族でできて、ガレキがなくなってもカネになる。福島の実情にあった制度だと言える。いろいろ話し合っていくなかで、農水省もようやくここまで分かるようになったかと安堵する。やはり現場の声を伝えていく作業は大事である。役人が福島に「来ない」という以上、こちらから農水省に行っていろいろ伝えることは大事だったのだ。

しかし、前例のないことはなかなか大変である。せっかく使いやすい制度になったのに、相馬市は「そんな勝手なことはするな」と言う。でも、これは国の制度なのだ。そこで、県に電話して「市がこんなことを言っているから何とかしてください」とお願いする。すると次の日には、「やっていいよ」という電話が相馬市から来たのだ。

●田んぼに戻ったときに農業ができる状態にする

農水省との交渉を通じて三浦が痛感したのは、行政の論理でやっていたのでは、復興はほど遠いということだった。というのは、行政は平等主義だからである。

復興組合にしても、行政が考えていたのは、みんなを平等に働かせ、平等にお金を出すことであった。しかし、これでは農業の復興にはつながらない。

農業の復興のために必要なことは、大規模に農業をやっていた人には大規模に、小規模にやっていた人には小規模にお金が入るような仕組みである。兼業の人は、ここからの収入は小さくても、他の部分からお金が入る。一方、農業で生活を維持していた人には、ここから収入を得るしかないのである。

農民はガレキ拾いをやって、そこでたとえば五〇〇万円の所得がないと、農業の再開に備えることができない。ところが行政がやると、みんなに平等に一〇〇万円を配るということになって、農業だけで暮らしていた人にはほとんど助けにもならない。

やはり、ガレキを撤去をして、田んぼに戻ったときに、ちゃんと農業ができる状態にならなければいけないのである。機械類も流されているのだから、そういうものも資金的にフォローして、ちゃんと農業をやれる仕組みをつくらなければならない。

●「あいつらだけ、なんで儲かってるんだ?」と広がっていく

三浦の「復興組合」は、そういうものを準備しようとするものであった。

震災の年の六月からスタートしたのだが、早くてよかった。補助金をもらうための作業はぼう大なので、六月から準備をしないと、翌年の二月までには終わらないからだ。

行政がやる政策は、誰彼かまわず一斉にやって、みんなにお金を渡すことが目的なので、早かろうが遅かろうが、働かせれば済むわけである。しかし、三浦たちがめざしていたのは、農業の復興である。農業を復興させるには、被災したそれぞれの人が、それぞれの条件をクリアーしていかなければならない。だから、時間が必要であり、震災直後から動いたのである。

この動きを他の人たちが見て、「あいつらだけ、あんなことをやって、なんで儲かってるんだ?」という話になっていく。そして、九月からは相馬市も新地町もみんないっせいに、すべての集落に復興組合をつくって、スタートさせることになる。

震災一年目に三浦たちがやらなければ、誰も復興組合の恩恵を受けることなく終わってしまったかもしれない。誰もこの仕組みを使わなかったということで、次の年にはなくなってしまっていたかもしれない。

●田んぼのない風景を前にして

こういう活動を進めながらも、当時の三浦は、自分の農業をどうするかということまでは決めていなかった。小高でコメづくりをできないことははっきりしていたが、じゃあどうするのかという展望はもてないでいた。

しかし、とにかく小高にあった浜通り農民連の仮事務所を相馬に開いた。相馬市まで車で通う日々が続く。そうすると、南相馬と相馬の違いが歴然と見えてくる。

南相馬市は原発事故の放射線の影響があって、田植えがほとんどされていない。しかし、隣の相馬市に入ると、そこには稲が植わった田んぼがあるのだ。

稲のない風景というのは、生まれてから一度たりとも経験したことがない。日本の原風景というか、子どもの頃から見てきた風景である。それが見えてこない南相馬市の風景は、言葉は悪いが、気持ちが悪かった。

それが相馬に行くと気持が楽になるのである。コメだけは三浦がずっとつくり続けてきたものである。それまで、豚を飼ったり鶏を飼ったり、あるいは野菜もつくったり、いろいろトライしたけれど、コメづくりだけはずっと延々とやってきたなのである。だから、漠然とではあるが、もし農業を再開するなら、やはりコメづくりだと思うようにまではなっていた。

●福島に息子が戻ってきて

その決断を後押ししてくれたのが、息子の草平（28歳）だった。

草平は、高校に進学するときから農業で行くと決めていたようだ。通っていた双葉翔陽高校（旧双葉農業高校）に農業科はなかったのだが、そこで農業クラブに所属する。その後、農業短期大学に進学して、卒業後はそのまま一緒に農業をやるようになった。

三浦は、父親が自分に対してそうであったように、息子に農業をやれと言ったことはない。息子が気に入ったものをやればいいと思っていただけだった。

震災が起きたとき、二四歳だった息子は農業関係のところに避難させることがいいと判断し、千葉県の産直センターに受け入れてもらうことにした。短大を卒業したときにも、そこに送ろうと三浦は思っていた。畑作地帯だし、そこで勉強すれば、ある程度は自分の今後の方向性を確立できると思ったからである。けれども息子は、「小高で農業をやりたい」と言って、そのときはそこに行かなかったのである。

しかし、もう小高では農業ができない。だから、その産直センターがやっている農業法人に就職を決めて、しばらくは農作業を経験していたのである。

でも、この年の一一月に息子は戻ってきてしまった。ちょうど三浦の父親が避難のあげくに亡くなってしまったこともあり、里心が付いたのかもしれない。

田植えをする息子の草平さん

●息子が農業をするなら自分も腹を固める必要がある

おどろいたのは、その息子が、「福島で農業をやる」と宣言したことである。三浦がまだ農業の再開を決断していなかった頃だ。

そう簡単なものでないことは、あまりにも明白だった。土地も新しく探さなければならない。施設もつくらなければならない。機械もそろえなければならない。震災の後の大変な状況のなかで、ゼロから切り開くことになるわけだから、再開するならコメだと漠然とは思っていても、実際に足を踏みだすことのハードルは高かった。

また、ようやく流されたコメの借金を返すメドがついたばかりで、その頃は賠償がどうなるかもまったく分からなかった。莫大なお金がかかることだけははっきりしていたという状況だったのである。

しかし、息子がやるというなら、何とかしなければいけない。夫婦二人だけだったら、産直の農産物を全国に供給するためにやっていた「農事組合法人　浜通り農産物供給センター」（組合員一三〇人）の仕事だけで十分に忙しかったのだが、息子が農業をするなら、腹を固める必要がある。がんばる意欲が三浦のなかで湧いてくる。

そこで三浦は、相馬市と新地町の農業委員会に行って、こちらに移住して農業をやりたいのだが、ついては農地を斡旋してくれないかと頼んでみた。相馬市からは「無理ですね」と言われたのだが、新地町は、そういう意欲があるのならばと、田んぼと畑を斡旋してくれて、二ヘクタールほど確保してもらえた。宅地まで紹介してもらえたのである。

●二年越しの交渉が実って

だが問題は、先立つものがないことだ。しかしここでも、三浦の交渉好きが幸いする。

実は、震災の一年目に、農水省との交渉を通じて、この震災の津波地震の被災を受けた農業用の施設と機械や資材に対する補助金の制度ができていた。それを活用することにした。

たくさんの人が申請すれば、福島で農業をやりたいと思っている人が多いことが分かるし、補助金も得やすくなる。そう思った三浦は、農民運動全国連合会の機関紙「農民」に折り込みチラシを入れて、補助希望者を募ってみた。すると、三〇～五〇歳代の若い人たちの応募が十数人もあったので、うれしかった。

それをとりまとめて申請をした。最初は福島県と書類をつくり、締め切り前日に相馬市に書類をもって行ったら、「だめです、審査には一ヵ月くらいかかります」と言われた。それで期限切れになってしまって、その年はアウトになる。

震災から二年目。今年も予算があるはずだからと申請をしたのだが、制度が変わっているなど、つぎつぎと障害が生まれる。でも、相馬市からダメだと言われると県を説得して、県がダメだと言うと今度は農水省に電話して、農水省から話を通してもらって指導してもらう。そうすると次の日にはOKが出る。

こんなことを繰り返しながら、最終的には要件から外れたのは一、二件だけで、それ以外はちゃんと補助をもらうことができた。国から五割の補助があるのだが、県も追加補助ということで三割を上乗せして補助してくれた。市町村は、他の職業の人には補助がないのに、農家だけに払うのはどうなのかと補助してくれなかったが、こうして八割の補助をもらうことができたのである。

●若い人が農業でやっていける仕組みづくりを

三浦の場合は、作業場の建物は、八割をこの補助金でまかなえたので、自分で用意する必要があったのは二割だった。この二割は無利子の融資を日本政策金融公庫から借りられたので、一二〇〇万円の借金を二〇年のローンにすることができた。作業場の土地は、地震で下りた保険金や賠償金で買うことができた。

他の人も多くは、この制度を使って、津波や地震で全壊したり半壊した施設もつくり換えることができた。こうやっていけば、若い人たちも農業がやれるというわけで、三〇歳代の人たちが張り切って農業を継続する励みになっている。

こうして、相馬や新地で農業をやろうという人たちが何人かいる。そのうちの一人が三浦の息子だったわけである。

とはいえ、土地の線量も測ると、たいへんな状況がだんだん分かってくる。農水省交渉をしても、なかなか先が見えてこない問題もある。

でも、ここで頑張ろうという人たちが、まわりに何人もいるわけである。そして、無我夢中のなかで、「つくっていいの？　ほんとに？」と、三浦に相談してくる。三浦は、「とにかくつくれ、売るからつくれ」と言う。

その人たちがちゃんと農業でやっていけるような仕組みをつくりたいと三浦は思う。それで何と

息子とともに……

かするしか希望はないのだから。その仕組みをつくるのが自分の仕事だと思う。
そして三浦自身も、震災の翌年、コメづくりを再開した。

第二章
なぜ「食べなくて結構」なのか

1、国・東電との楽しい闘い

●相手の年齢をくり返し尋ねる

牛を連れた最初の交渉以来、国や東電と農民連との交渉には、いつも三浦の姿がある。交渉好きの三浦にとって、楽しい時間である。

三浦の交渉のやり方には、いろいろな特徴がある。中身に入る前、かならず発する言葉があるそうだ。

「あんたは誰なの？　年はいくつ？」

名前くらいは当然のこととして答えてくる。しかし、年齢まで教えてくれる人は、そうはいないそうだ。「いや、プライベートなことは……」とにごしてしまう。

それでも三浦は、一〇分くらいずっと、「あんたいくつ？」と聞き続ける。それで「五二歳です」とまで聞き出すのである。

そうしたら、もう勝ちだ。

「五二歳だったらわかるでしょう？　俺より三つも下なんだから。一人の人として五〇年間、どういう生き方をしてきたんだ？　あなたは、被害にあった人間がこういう風に困っているのを見ているわけだから、それを助けようとか思うよね？」

政府・東京電力に賠償を求める交渉が継続的に行われている

こういう話を延々とやる。そうすると、よっぽど頭が固くない限り、ちゃんと三浦たちの実情、要求を伝えてくれる役回りを果たしてくれるようになるそうだ。

●人間と人間の言葉で話すために

二カ月、三カ月、あるいは半年とか経って、交渉がうまく行くようになると、そういう担当者ほど転勤してしまう。そして、また新しい人が来たら、「あんた、いくつ?」からはじめるのである。自分たちのことを理解した人が転勤しても、三浦は困ったとは思わない。なぜなら、それは人のことを考えられるようになって、別の場所に転勤するということだから。ちゃんとした考えをもった東電社員が増えていくということだから。

そう、三浦は、東電社員の育成も担当しているという自負がある。いまの東電をこのままにしていたら大変である。東電も人間がつくっているのであって、自分が育成した社員が二〇年後、三〇年後に東電の幹部になり、その人たちが会社をつくっていくのだ。自分と交渉した人は、相手を一人の人間として考えられるような人になってもらわないと困る。そうじゃないと、時間をかけて何度も何度も東電と交渉している意味がない。時間がもったいない。

「あんた、いくつ?　子どもはいるの?」。そういう風に話さないと、会社対個人の交渉になってしまう。そうではなくて、人間と人間の言葉で話せるようにならないと、福島の実情を伝えようにも伝わらない。前へ進まないのだ。

●「福島の復興なくして日本の復興はない」のだから

「震災のあとに拡大した農地でつくったコメは売れなくても賠償しない」。東電がそう言いだしたことがあった。これに対して、次のようなやりとりをした。

三浦「そんなこと言って、福島で新しく農業する人がいなくなったら、これから賠償が少なくなるよねえ」

東電「そうですね」

三浦「東電にとってはいいことだよね」

東電「……そうですね」

三浦「福島の農業はつぶれるよねえ」

東電「そう……とも言えますよねえ」

そこで、

三浦「経産省さん、ほら～～東電さん、こんなこと言ってるよ～。福島の復興なくして日本の復興はないんじゃなかったっけ」

そこまで話したら、いままで「東電の言う通りです」と言っていたお役人たちだって、「すみません、持ち帰らせてください」ということになる。次の交渉のときには、こちらが何も言う前から、「すべて認めることとしました」と経産省は言ってくれる。

そういうことが、交渉を始めてからず～っと続いているである。

●もち帰るのは相手側にさせる

いまのやりとりを見れば理解できるだろうか。三浦が決めた交渉の基本原則のひとつは、「相手の土俵」で勝負をすることだ。東電が決めたルールで勝負をする。国が決めたルールで勝負をする。「これは国の公式見解だよね?」、「東電はこういうことをやるって決めているんだよね?」という話のもっていき方をするのである。そうすると、こちらの要求はほとんど通ることになるそうだ。

自分たちが国や東電の公式見解にそって主張しているという自覚をもてれば、交渉の終わり方も違ってくる。たとえば、認めさせたいことが一〇項目あったとして、五項目をクリアーして、残りの五項目はダメだと言われたとする。

そういう場合、三浦たちのやり方はこうだ。役人たちに対して「これがダメなはずがないだろう?　国の方針なんだから。次はゼロ回答じゃだめだからね。一ヵ月後にくるから、これがどうしたらうまく行くか考えておいてください」と役人に対して宣言して終わるのである。

「うまいでしょ!」。三浦は笑う。うまく合意ができないと、普通はこっちがもって帰って考えよ

浪江町請戸地区から森の向こうに見える福島第一原発

第二章　なぜ「食べなくて結構』なのか

うとしてしまう。そういうやり方ではなくて、「福島の復興なくして、日本の復興はないって、あなたたちが言ったんだよね」という立場から攻めていくことが大事なのだ。

●らちが明かないときは現地を見てもらう

三浦の日常でそれなりの位置を占めるのは、東電との賠償交渉の仲介をする仕事である。交渉好きの三浦は、個々の農民が東電に賠償を求める際、その農民をバックアップして東電に支払わせる取り組みを助けているのである。

三浦は二〇年以上にわたって、農水省交渉を経験してきた。その経験からすると、東電は官僚以上に官僚的な対応していると思う。同じ本社でも部門が違えば別世界になる。

賠償相談コーナーは福島にある。一方、賠償問題を決める審査部は、東京の有明にある。三浦たちはまず、賠償相談の責任者に対し、「こんな程度じゃだめでしょう。有明とケンカしてこい」言うが、らちが明かない場合が多い。

そういうときは、「担当者の電話番号を教えろ」と要求する。すごく抵抗するのだが、相談コーナーの人は福島の実情も知っているから、拒否し続けるのがだんだん苦しくなって、「担当はあの人です」と教えてくれるのだ。こうして、有明とのやりとりが開始される。

賠償問題では、道理は被害者の側にある。だから、有明に対して、被害の実情をちゃんと冷静に訴えていく。要求通りの額にならなかったり、交渉ごとの判断として、ここはこの程度で鉾をおさめ、代わりにここで勝とうと思って引くことはあるが、要求がまったく通らないということはない。

審査部は追い詰められてくると、最後は「じゃあ上に聞いてきます」と逃げるしかない。そして、聞いてきた上で、「ダメだと言われました」、「経営判断としてできない」という断り方をする。そういう場合、担当者を現地に呼ぶことにしている。汚染のひどいところを案内しながら説得する。浪江町あたりに連れて行くと、突然いのししが飛び出してくるようなこともあって、結構みんなびっくりするわけだ。それだけで解決する案件もあったりする。

いろいろ見せながら、「じゃあこれは認めましょう」と迫るのだ。もちろん、「これは絶対にダメです」という場合もある。しかし、そういう場合も、一つひとつ相手の論拠を論破していくと、だんだん詭弁を弄するようになってくる。そして最後は、「決めるのは私ですから」と逃げたりする。そうなればしめたものである。「ほ〜、そんなに権限があるんだ〜」とほめて、「あなたがダメだと言えばダメだということは、あなたがいいと言えばいいということですよね」と迫れるからだ。

こうやって「いい」と言ってくれた人もいる。人事異動で転勤したそうだが。

●東電はこちらが黙っていたらちゃんと対応しないが……

宮城県の白石市という福島との県境の町がある。三浦はいま、そこで椎茸農家をやっていた人の賠償問題にかかわっている。その人はＡＤＲといって、裁判とは異なる解決方法の手続きをとる手段で、東電と交渉してきた。だが、話し合いがなかなか進まず、らちが明かないと怒っていた。このままではとても生活ができないということで、三浦が間に入って問題を整理してあげて、東京電力の代理人弁護士と交渉している。

最初、その弁護士は三浦に対して弁護士法違反の恐れがあると脅かして、「私はあなたとはしゃべりません」と言っていた。それに対して、三浦がこの代理人弁護士に対して言ったことの基本は次のようなことだ。

「あなたは加害者の側にいるんですよ。そして、何も分からない被災者個人に対して、一人ひとりに対して、賠償を求める被害者に真摯に対応して応援してあげる立場にあるんですよ。それがあなたの義務なんです。自分たちの過ちも認めないで、高飛車な態度をとるなんていうことは絶対にしてはいけません。これからはＡＤＲの面倒だって、東電代理人のあなたが見なければならないのです」

この弁護士は、そのとき「分かりました」と言っていた。その後、椎茸農家の方から電話があって、「弁護士の対応がすごく丁寧になってきました」と喜んでくれた。

もちろん、一回話したからといって、そうなるわけではない。このケースでも、そうなるまでに一〇回以上電話でやり取りをしているそうだ。東電はこちらが黙って我慢していたら、絶対にちゃんと対応してくれないけれど、本当はきちんと対応しないとダメだということも分かっている。だから、三浦たちが交渉を求めても断らない。

●「一緒に闘いませんか?」

最近、三浦が国会に行って、議員たちの部屋を回ると、「福島の声が聞こえない」と言われる。農協の人たちにこの話をすると、「農協の中央会から、福島はお金をもらっている立場だからあんまり騒ぐなと言われている」と打ち明けてくれる。

そういう状況があるので、三浦には、自分たちが交渉でがんばることが大事だという自覚がある。「福島の代表は僕たちだ」という自覚だ。

県とはいろいろぶつかることもあるが、その県も三浦の同志である。福島県はみんな一体となってがんばらなければならない。

敵は国と東電だけなのだ。ここをはき違えると大変なことになる。予算要求にしても県は一生懸命やっている。だから、心をひとつにしなければならない。国との交渉ごとも、正面(県)だけでは突破できないことが、側面(農民)が言うことによって突破できることもいっぱいあるのだ。

三浦に聞いた。「将来を楽観できないでいる福島の人たちに対して、あえて言うとしたらどんなことですか?」

「一緒に闘いませんか？　国と東電に対して」。三浦はそう即答した。

「そうしたら新しい未来が開けてきますよ。だっていっしょに東電と農水省、経産省交渉をやった人たちがどれだけ元気になれるかという姿を、僕はずっと見ているから。闘うことが福島の人にとってはものすごく元気になれる力だと思っています。

負けることなんかありません。交渉のなかで決裂して、裁判になったり、ＡＤＲに行くようなことにはなりません。交渉ですべて解決します。こっちは加害者じゃないんです、あっち（東電）が加害者なんです。この地位を最大限利用しない手はないです」

●感情にまかせてはき出す人は負ける

さらに、こう聞いてみた。「交渉の極意は？」

「交渉においては、怒りに任せてしまって、自分のことを感情的に表現してしまう人は負けるんです。怒りに任せている間は、むこうは払わなくていいんです、話し合いができないから、合意ができない。

戦略的にならないとダメです。東電の弱み、国の弱みがどこにあるかをつかんだ上で交渉しなければダメです。

個別交渉の際は、証拠を集めて、相手がぐうの音もでないほどに、納得させなくてはならないわけです。それは冷静にやるしかありません。感情にまかせてはき出すほうが楽ですが、そうなってしまうと、相手の思うつぼにはまってしまうんですよね。

僕は現場の人間なので、感情だけの話はできない。自分の主張を長々と展開することが大事なのか、賠償してもらうことが大事なのか、どっちなんだという話なんです。

例えばお父さんが東電と交渉するとただ怒鳴りまくって、非難するばかりで話が進まない。そうなると、東電の弁護士も態度を硬化してくる。そこで、お父さんにはお休みいただいて、息子が冷静に交渉することで、相手が話に乗れるような環境をつくってあげる。すると賠償交渉は前に進みます」

2、安全なコメをつくり続け、測り続ける

震災の翌年からコメをつくり始め、翌々年もつくった。二〇一五年のコメづくりもはじまろうとしている。だが、三浦のつくったコメを買ってくれる人は、ほとんどいない。

「いや、いいんですよ。食べてくれなくて」。これは三浦の口癖になっている。ニコニコしながら、そう言う。なぜそんなことを笑って言えるのだろうか。

●自分と家族、福島の人の安全のために

三浦は、とにかく安全なコメをつくるために精を出す。そして、その安全性を証明するため、かならず検査する。そのくり返しの日々を送っているようなものだ。

もともと三浦は、身体が農薬を受け付けない。農薬を使うと倒れてしまう体質だったので、震災前から無農薬農業に取り組んでいた。専業農家としてコメをつくる面積が多いため、無農薬を貫きたいのだが、無農薬米以外のコメもつくる必要があって、その場合、一回だけ除草剤を撒いている。除草剤以外の農薬を使うと体調が崩れる。合鴨農法や米ぬか農法など、効果のあると言われる無農薬の方法は全部やってみた。

農薬を身体が受け付けないというのは、パンを食べると痛感する。輸入小麦でつくったパンである。

輸入小麦は、船で輸送してくる場合は湿気が出るので、防カビ剤とか殺菌殺虫剤が必ず使われている。日のあたらない船底から日本の暗い倉庫へと移すので、ずっと日に当たらない。そのため、紫外線が当たらず、残留農薬が残って、食べると身体に入ってくる。三浦の身体は、パンを三食つづけると、調子が悪くなるようにできている。

三浦が農産物の農作物の放射線量をチェックをするのは、何よりもそういう自分自身や家族の命を守るためである。放射線量を測って安全だという確信を自分でもちたいということは、体調が悪

くなる農薬は使わないということと、基本的には同じである。農地の土の線量を測るのも同じだ。同時に、三浦が測るのは、被害を受け、いま福島で生活をしている人たちの安全が大事だから、福島の人たちの安全を確保したいからでもある。だから、どんな努力をしてでも、福島の農産物を測り続ける。

それが、結果として、農産物を食べる全国の人の安全を守ることにつながっていく。

●三年でも五年でもかけて土を再生させる

そんな三浦だから、農地の除染には特別に力を入れる。

農地の除染というのは、よくテレビで目にするものとはまったく違っている。テレビでやっている普通の除染は、表土をはいで、それを黒い袋につめるという作業である。飯舘村の場合だと、山を削って、その場所に砂をのせる。

農地の場合は根本的に異なる。たしかに、土の表面五センチのところに、セシウムの九〇％は含まれているそうだ。しかし、その同じ表土部分には有機物がバランスよく入っていて、作物の生育にとって、とても状態のいい土なのだ。その部分がなくなると、農地としては使えなくなる。だから、その部分を袋に詰めて捨てるなんて問題外だ。

だから三浦たちは、表土部分を下の土地と混ぜるのである。天地返しをやって、五センチのなか

震災前の自宅脇での堆肥の切り替え

に集中的に含まれていたセシウムを、一〇センチあるいは一五センチと下の方に拡散するのだ。そうすると、セシウムを含まない土が上の方に来るので、放射性物質が空中に拡散するのを遮ることになり、空間線量も下がっていくのである。同時に、そのことによって、ゆるやかに作物が育ちやすい環境を広げていけるのだ。

「いますぐ」でなくても構わない。こうなった以上、三年でも五年でもかけて、もう一度いい土に戻せばいいのである。現在はダメになってしまった土を、農業をやることによって、いい土に再生していくのだ。粘り強くやれば、普通の土になっていく。

チェルノブイリ事故後のベラルーシでも、二〇年以上かけて、セシウムが地表から二〇センチのところにまで移行しているから、事故当初よりはずっと線量が低くなっている。あれだけ広大な田畑のある場所の線量が自然に下がっているのだから、福島で自覚的に農地の天地返しをやっていけば、農業をやりつつ空間線量が下がっていくことは間違いない。

●福島の食べ物の線量は低い!?

努力の結果は出てきている。

震災後、最初に取り組んだコメづくりで、二〇一二年の秋に収穫されたものを測ったら、国の基準はクリアーしていた。しかし、三〇ベクレルは超えていたので、まだ安全とは思えなかった。

二〇一三年の収穫では一〇ベクレルを下回る数字になって、ようやくこれなら大丈夫だと思えることができ、食べることができた。

三浦が測った結果だけではない。福島のコメが安全だということは、いろいろな調査結果でも確かめられている。

陰膳（かげぜん）調査というものをご存じだろうか。調査対象者が実際に食べている食事を調査し、摂取した栄養量や化学物質を知ろうとするものである。各家庭で食べているのと同じものをもう一人分つくってもらい、それを提供してもらって検査する方式で実施される。

それと同じ方式で、家庭で食べる食事にどれだけの放射性物質が含まれているかを、消費者庁が調査している。東北、北海道、関東全県が調査対象だ。その調査を見ると、日本ではおしなべて放射線量の低い食事をとっていることが分かる。

三浦が笑ってしまうのは、北海道の次に線量が低いのが実は福島の食事だったりすることだ。福島の線量の倍くらいの県もざらにある。いま、福島のものだけが危険だという話になっているが、必ずしもそうではないのだ。

三浦たちは、実際に放射線量を測り続けているので、「危険だといってもこの程度のレベルだ」ということが自分で分かる。一方、その他の県産のものはそもそも測られていないので、そのレベルすら分からないということだ。

●計測結果は科学だが判断するのは人の「心」

しかし、三浦たちのコメは売れない。福島の桃やトマト、キュウリなどは、すでに東京や大阪のスーパーに並んでいる。消費者は買ってくれる。だが、福島のコメだけは買わないというのが、ほとんどの人の考え方である。

実際に測っていて、安全性が証明されているのに、福島というネーミングだけで買わないという現実を、どう見たらいいのだろう。数字を並べられても分からないのかなとも思う。これでは「福島だけが危ない」ことをアピールする政府の思うつぼではないのかと感じた時期もあった。

だが、三浦たちは、ただただ計測して発表することにした。真実だけを追求し、公表している。これは科学の追求である。

一方、それを見て判断するのは、人の「心」に属する問題だ。福島の農産物は安全だけれども、それを信じられるかどうかで、それが安心に変わる。安心と安全は違う。

三浦たちにできるのは、公表した結果で安心してもらえるように、ただただ測り続けることしかない。放射線防護学の考え方でいけば、できるだけ放射線量は少ないほうがいい。だから、できるだけ少ない数値を基準にして、検出限界を小さくしては測る。

●学校が福島のコメを受け入れないのは「事実」の問題

がんばってコメの安全性を確かめても、その効果は薄い。三浦は、原発から高濃度の汚染水があれだけ垂れ流しにされている現実があるので、仕方がないと思う。多くの国民にとっての福島というのは、まだまだ放射線を出している地域であって、そこでつくられているコメが安全だと言っても、そう簡単に信じてもらえるものではないのだ。

毎年八月、農民連は、コメ屋さんとの交流会を開催する。それに参加する業務用の業者さんが言うには、福島のコメは医療機関なら受け入れるところが出てきているそうだ。

しかし学校はPTAが心配するからダメだと言われる。「福島産のコメは測ってあるから安全は保証されている」と伝えるそうなのだが、「でも福島のものはイヤだという人がたくさんいるから、給食には向かないよ。むずかしいんですよねえ」と業者は言う。

ひとつの学校がそうであるなら、それは変な認識をもっている学校があるということであって、説得すればいいわけだ。しかし、日本中の学校が拒否反応を示しているのである。福島県内でも同じである。

つまり、福島のコメを学校が受け入れないというのは、特別に変な話というものではなく、事実に属することなのである。福島は原発が爆発した場所だという話が世界中を駆け巡って、そのことが不安をかき立てる。汚染水が出れば、やはりまだ危険だということになる。

●コメが安全になったのをいいことに……

三浦が思うのは、消費者が福島のコメを食べないのは、福島の農家の責任ではないということだ。絶対に違う。

福島の農民は、コメを安全なものにしたいと願っている。自分や家族が食べるものだから、そのために必死に努力もする。

安全なコメづくりのためにも、空間線量を下げようとがんばる。耕すことで空間線量も下がるし、技術も高まるわけだから、そのための努力は並大抵ではない。そういうことで農民たちの誇りは守られている。

こうやって、福島の線量はかなり下がってきている。コメも安全になってきている。

そういう農民の努力の成果は、国と東電の手柄ではない。それなのに、国や東電は、線量が下がったのをいいことに、コメが売れない責任をもうとらなくてもいいと考え出しているようだ。

しかし、安全なコメが売れない原因は、国と東電にある。放射能汚染の原因者である政府や東電が「安全だ」と言っても、全国の人にまったく信用されていないから、コメは売れないのである。

買ってもらえるようにまでするのが、原因者である国と東電の責任だ。断じて福島の農民の責任ではないし、その仕事でもない。

三浦の田んぼでの稲刈り

●福島の人がまず食べるべきか？

少し前になるが、農水省の参与の人が南相馬市にやってきた。そこで彼が言ったのは、「福島の人が福島のものを食べないで、東京の人に食べさせるなんて言うのは間違っているのではないか」ということだった。

地元の人のなかにも、同じような考えの人がいる。南相馬市地域農業再生協議会で、前市長の渡辺さんが、「学校給食などで地元の人が地元のものを食べるようになってはじめてコメが売れるようになるんだ」と言ったのだ。

三浦は、手を挙げていった。「それは違うんじゃないですか？」

「お言葉ですが、何をそんなに焦っているんですか？　この問題で大事なことは、もっともっと時間をかけて、みんなが本当に安心できる様になることです。そうなってはじめて食べられるようになるのであって、人が押し付けるようなものではないでしょう？

東京の人にはいろいろ調べてもらって、安全性を自分で確認して、食べる努力をしてもらうことはあり得るでしょう。原因をつくったのは東京電力なわけですから。でも、福島の人はただの被害者なんですよ。その被害者に対して無理強いするというのは、何か間違っていませんか？

食べたい人が食べればいいのです。線量を下げるコメづくりや安全性の確保は僕らの仕事だけど、食べる食べないを押し付けるのは本末転倒です」

この発言を受け、南相馬市の事務局の人が、「三浦さんの言うとおりにやっていきます」と言ってくれた。参加者も納得してくれたと確信する。

●福島県民は県産のものを食べろという無言の圧力があるから

国に近い人や市長、行政機構のなかにいる人は、どうしても上から網をかけたがる。こうあるべきだ、と言いたがる傾向がある。行政に携わっていると、時々ぐらぐらっと気持ちがそっちに行くようだ。

でも三浦はつねに住民目線でやっていく。住民目線でいけば、本当に安心して食べられるようになるまでは食べなくていい、ということになる。

福島県は、農産物の安全性をアピールするため、放射線量を一生懸命に測り、それをつぶさに公開している。それはいいことである。しかし同時に、そのことによって、福島の人は県産のものを食べるべきだという空気が充満することになる。無言の圧力のようなものがあって、それに納得できない人たちは苦しんでいるのである。

三浦たち農民連の会員は、産地直送をやっている。だから、福島県内でも、いろいろなところで説明会をする。測った数値もちゃんと報告する。

野馬土農産物直売所の様子

そうすると、「福島の農産物を食べなくちゃならないの？」と必ず聞かれるそうだ。三浦は、「別に食べなくていいんですよ。僕らは自分のためにつくっているんだから。みなさんが気持ちよく、ああこれなら絶対に大丈夫だと思って食べられる気持ちになれるまで、食べなくていいですよ」と答える。

そう言って、そういう方々には、関東の千葉県産の野菜を送ることをお伝えする。その上で、「そういうやり方でいいですか？」と尋ねたら、本当に安心した顔で、「それでいいです、お願いします」という答が返ってくる。みんなやはり圧力を感じているのである。

●「待つしかない」ではなく「待つことが大事」

安全に不安をもつ福島県民の気持ちは、三浦には本当に理解できるのだ。正直に言えば、最初は、自分自身も食べたくなかったからだ。自分のつくったものを自分で測るようになって、ようやく安心して食べられるようになったのである。

だが、消費者の人たちは、自分自身で確かめるということがなかなかできない。安全だといっても、他人からの情報なのだ。だから、不安が完全に解消されるということがない。

水について言えば、震災直後、福島の人たちは、みんなペットボトルを買って飲んでいた。三浦はいまでも水道の水は飲まない。ペットボトルの水だ。水道の水がまずいせいもある。

事故前は、おいしい井戸水しか飲んでいなかった。南相馬市の中心部である原町や北部の鹿島は、水道普及率が九五パーセントであるが、小高区は五〇パーセントにすぎなかったため、おいしい井戸水を飲んで育った世代である。まずい水道水は飲みたくないし、測定もしていない井戸水は危なくてもっと飲めない。

おそらく、福島のコメを食べようと思ってもらうには、すごく長い時間がかかるのだろう。三浦はそう感じている。広島が不安の象徴から世界一安全な都市、平和の象徴に変わったのと同じくらい時間のかかることかもしれない。

でもそこは、焦らない。焦らないで、「自分たちは何も悪くないんだ」ということを心の支えにしてやっていくしかない。三浦は、「待つことが大事」だと思っている。「待つしかない」という消極的な姿勢ではなくて。

そして、福島のコメが食べてもらえるようになる責任を負っているのは、何回もくり返すが、国と東電である。賠償額を減らそうと思ったら、東電は、国民が納得するまで、「こんなに安全なんです」ということを全国に広めればいいのである。それまでは福島の農民に賠償を続けるべきなのである。

三浦はそう言い続けている。福島でコメをつくるべきでないと批判する外部の声も全く気にならない。

●「僕たちが楽しく生きていけることが一番大事」

修学旅行やイベントで高校生たちが相馬に来る予定になっていたのに、それが親たちの反対にあってなくなってしまうこともある。だが三浦は、「そんなことは僕らにはどうでもいい話だ」と言う。

そんなことを気にするヒマがあったら、三浦は、自分たちが外に出て行こうと思う。以前も、行っ

野馬土・直売所で売られている福島の米

た先で話しているとき、NHKのディレクターが興味をもってくれて、朝の情報番組「あさイチ」の取材につながったこともある。

何がどううまく行くかなんて分からないのだから、三浦たちの運動を邪魔する目的でやられるようなことだって、大事な結果につながることがあるかもしれないと考える。邪魔したことが邪魔したことにならないどころか、三浦たちにとってはプラスになるということだ。「あさイチ」を見て励まされたと言ってくれた人がたくさんいて、三浦はとてもうれしかった。

「原因と結果はどうでもいいんです。最終的に福島の原発事故が収束してくれることと、僕たちが楽しく生きていけることが一番大事なことで、それ以外のことはたいした話じゃないのです。あなたもそう思うでしょ？」

●自分も避難したし、食べなかったから……

「三浦さんはこんなにがんばって、安全なおコメをつくっているわけでしょう。だけど消費者は買ってくれない。それに対して、憤りというまではいかなくても、少しは困ったなとか、福島のコメは危険だとは言ってほしくないとか思いませんか」

取材中、こんな問いを何回も発した。どんなに立派な人間であっても、自分の努力を否定されるのはたまらないだろうからだ。

だが、三浦はいつもニコニコし、「そんなことはありませんよ」、「福島のコメは安全ですけど、食べてくださらなくても結構です」とくり返した。自分の取材力が足りないのだろうと考え、いろいろな角度から突っ込んだのだが、返ってくるのは同じ答だった。

「僕は短期的には考えていません。国と東電からお金をもらって生活を続けながら、五年後、一〇年後の未来をめざして地盤を固めていきます。おいしい福島米の地盤を固めて、明るい未来のために生きていきます。

以前は僕の産直米をたくさん買ってくれた人たちが、いまは買ってくれない。危険だとかなんとかいろいろ言われるけれど、何のこだわりもないです。別に買わない消費者が悪いわけではありません。原因をつくっているのは国と東電なんですから。

僕は逃げたから、東京に避難したから、分かることがいっぱいあるんです。避難した人の気持ち、そういうことを考えた人の気持ちが分かる。自分が福島のものを食べたくないという気持ちをもったこともあるから、福島の農産物だと聞いて遠ざける人の気持ちも分かります。

同時に、自分が農産物を測って食べられるようになったから、いまは食べない人がやがて食べてくれる日が来ることも分かります。その人たちが「自分たちも食べたいなあ」と思ってくれるのを待っています」

●売ることを目的にして測ると気持ちが暗くなる

ところで、行政のトップや県も一生懸命測っている。けれども、測る目的は、「売る」ことである。売ろうと思って測る場合、結果がついてこないと、つまり売れないと、焦りも生じる。

一方の三浦は、〝売れればラッキー〟くらいの気持ちである。自分がつくったコメのうまさには震災前から自信があったし（だから五キロ五〇〇〇円でも買う人がいた）、震災後のコメも、うまさにくわえて安全性でも自信があるけれど、売ることは目的にしない。

震災前、無農薬にこだわって買ってくれていた消費者は、震災後、三浦のコメには見向きもしなくなる。いくら安全だと言っても、産直での購入は切られてしまったままだ。売ることを目的にしていたら、気持ちが暗くなってしまう。

売れないのは、売れないだけの理由があるということを認識しているから、三浦の心はざわつかない。人間の気持ちだから、そこは急がない。食べるか食べないかは、コメを食べる方々が判断することだ。福島のコメが安全だと思える環境になってはじめて納得して食べてくれるのだ。

「僕らは努力をしています、消費者はその努力を見ている。なんでこんなに努力している福島の農民がつくったコメを買わないんだって、涙ながらに言ってくれる人もいると聞くことがあります。しかし、それを受け入れられる人がどれほどいるのでしょうか。まだ四年なんです。もっと長い時間をかけて、分かってもらえるようにがんばるしかありません」

大事なのは売れるようになるまでの過ごし方である。どれだけの期間になるか分からないが、その間を楽しく過ごしたい。コメづくりも、暮らしも、楽しくやりたい。

その期間、コメが売れない分は、政府と東電に請求し続けていくことになる。だから、交渉も楽しくしていきたいと、三浦は思う。

●サンプル検査から全袋検査へ

コメの放射性物質を測るための準備はただ事ではない。三浦らが主張し、実施してきたのは、コメでいえば全袋を検査することである。

理論的に見ると、サンプル検査でも十分に分かるという考え方がある。だから当初、全袋を検査

野馬土の産直センター

して公表するという三浦らの主張は、福島県の受け入れるところにならなかった。

それが変わったのは、福島県知事が出したあの安全宣言（一一年一〇月一二日）によってである。サンプル調査で済ませ、安全を宣言して出荷した直後に、大波で五〇〇ベクレルを超えるコメが出てしまったのである。それで、もう県知事の話は信用できないということになってしまった。

翌年（一二年）六月、県は突然、「全袋検査をすることにしましたので、協力してください」と言ってきた。三浦たちは歓迎したが、市役所の職員も農協も、「そんなこと、できるわけない

コメの放射線量を測定–

です！」と困惑する。

検査は九月から始めることになるが、そのための機械もそろえられないだろうし、コメには品質検査があってただでさえ煩雑なのに、それにプラスして放射性物質を測るなんて、とてもじゃないけれどもやれるわけがない。それが農協の意見であった。

●やれば道は見える

三浦は公然と歯向かった。

「大変なのは分かる。でもこれをやらなければ、福島のコメがもう一度日の目を見ることはない。測ることでしか、われわれはスタートラインに立てない」

そして、とにかくやってみようということになって、スタートした。行政ではいまだかつて経験したことのないくらいの短期間に進めていく。

アメリカと日本国内の四社に測定器をつくらせるところから開始し、福島県は三〇〇〇万円の機械を二〇〇台買い入れた。機械を置く場所もまだどこにもなかったので、突貫工事で場所を確保し、ようやく九月末に間に合わせたのである。

当初、全袋を検査するとすれば、三月までかかるのではないかと言われていた。しかし、やり始めてみれば、もともと品質検査のノウハウがあったからだろうか、検査の流れさえつくれば何の問題もなく、あっという間にできるようになる。やれば道は見えると思った。

野菜や果樹について消費者は、「これは検査済みで安全だから」と言われても、自分で検査しないと納得できない部分がある。だから、小売りのところに測定器を備えることが大事だということになった。

ところが福島県は、当初、測定器を備えるのは、県内の六つの大きなスーパーだけにとどめようとした。説明会のときに三浦は、「スーパーでしか検査をやらないのであれば、消費者はみんなそこに流れてしまう。福島県民みんなが安心して食べられるように、直売所でも測りましょう」と提案した。すると、県は「いや、予算がありません」と言う。「予算はつければいいんじゃないですか!」と言ったら、希望する福島県内の直売所はすべて測定器を置けるようになった。

●汚染の理由と対策が分かるから

全袋を検査することの重要性は、何年間かやってみて、三浦にはしみじみと感じられる。実際になぜ汚染するのか、どうすれば汚染しないかが、よく分かるのである。

一年目（二〇一二年度）、福島県全体で一一七〇万袋を測ったが、一〇〇ベクレルという国の基準を超えたのが七一袋あった。この七一袋は、山間の地域のものであり、当初、山から放射線が流れてきたのかと思われていた。

しかし、いろいろと試験を積み重ねることによって、重要なことが分かってくる。カリウムが不足した田んぼは、稲がカリウムの代わりにセシウムを吸ってしまうのだ。

カリウム不足の田んぼはなぜできるのか。カリウムは藁に多く含まれているのだが、普通にコンバインで稲を刈ると、田んぼに藁をまき散らすことになるので、カリウム不足にはならない。

一方、コメを自然乾燥させる場合、藁は売ってしまうので田んぼには残らないことがある。あるいは、牛を飼っている農家は、藁を牛のえさにしたり、敷き藁にするので使ってしまうのだ。昔は牛の敷き藁も堆肥として田んぼに戻していたのだが、高齢化が進んでそういう作業ができなくなっている。こうして、田んぼのカリウムが不足するわけだ。

それで、塩化カリウムを入れると良くなるのではないかということになった。そして、塩化カリ

稲の苗を育てるためのビニールハウスづくり（新地町）

ウムを肥料として福島県内の田んぼに撒かせたのである。

塩化カリウムも実は放射性物質である。全袋検査の表示をちゃんと見れば、セシウム一三四と一三七は検出されないことが明記されているが、カリウムはそうではない。ただ、カリウムはバナナにも入っていて、というか食品すべてに入っていて、自然界から得られるものである。国に聞くと「それは検出されるのが普通ですから」と答えてくる。

●二〇一三年度に検出された二七袋の問題

カリウムを降らせた結果はすぐにあらわれた。二年目の二〇一三年度、一一〇〇万以上の袋を測って、一〇〇ベクレルを超えたのは二八袋に減少したのである。

その内の一袋は、カリウムを散布しなかったというので、理由は明白である。残りの二七袋のコメは、その年にコメづくりを始めた南相馬の原町区大田地区のものである。原因は何かということが問題となった。

二七袋のコメがつくられていた南相馬市の大田地区は、土壌を調べたところ砂が多くて粘土が少ない場所だった。そのことが線量が多かったことの原因かと、当初、考えられていた。セシウムは粘土とは結びつくけれど、砂とは結びつけなくて、それが水のなかに遊離をして、根から吸収される確率が高くなっているのではないかと思われたのだ。

これ自体は事実のようだ。だから、砂が多い田んぼには、カリウムに加えてゼオライトを投入しようという話になっている。三浦がかつて農業をやっていた小高でも、いま試験栽培をやっているのだが、一八〇ベクレルくらい出たそうだ。そこにもゼオライトを試験的に投入する予定になっている。

しかし、二七袋の基準値が超えたのが本当にそれが原因なのか、それは分からなかった。原因不明というのが、農水省の昨年（二〇一三年）の回答だったし、二〇一四年に入ってからもそういう説明が続いていたのである。

●原因は福島原発からの粉じんだった

ところが七月になって事態が急展開する。福島第一原発におけるガレキ撤去の粉じんが原因だと分かったのだ。

前年（二〇一三年）八月、第一原発三号機のガレキ撤去作業がおこなわれたのだが、その際、放射性物質が拡散した。作業の日、作業員が被曝した事実があるので、それは間違いない。そこから農水省は、放射線が外にまで出た可能性があると推定し、東電に対して一四年一月、今後は作業で放射性物質を外に出さないよう要請していたというのである。

しかし、農水省はその翌月（二月）の南相馬市に対する説明では、放射性物質の外部付着の可能性を指摘したものの、原発作業との関連については言及しなかった。その後、東電に要請したことについても、市には何も連絡していなかったのである。

東電にいたっては、その要請があったことを認めつつ、「敷地外の影響は調べておらず、（コメ汚染との）因果関係を発表する立場にない」と逃げの回答だ。そして「現場作業では散水や吸引などの対策を強化する」と説明するだけである。くわえて最近、東電が、飛散防止剤をマニュアルの十分の一に薄めて使用するように業者に指示したとの証言が出てきた。

●隠していなければ対策が立てられたのに

この事実を報道で知ったことは衝撃的だった。三浦たち農民にとっては見捨てておけない大きな問題だった。二〇一四年初頭に農水省が分かっていたということは、自分たちには隠していたということを意味するのだ。

三浦は、地域再生協議会の八月の会議のとき、穀物課長に対して、「疑いがある時点でどうしてキチンと発表してくれなかったのか」と聞いた。すると、「まだ疑問の段階だったからです。証拠も何もないし、いろいろなクエスチョンのうちのひとつだったんです」と言われる。

三浦は詰め寄る。

「いいですか。そのときは、水も土もクエスチョンだったですよね？　何が原因か分からないいなかでデータをとって、水が原因だろうかというクエスチョンがあったのですよね？　そして、セシウムの性格上、粘土には吸着しやすいが砂には結びつきにくくて、それで水に出てきて吸ったんじゃないかというのもクエスチョンだったですよね。ゼオライトをまいたのは、あくまでも土壌条件が原因かもしれないという仮説を立てたからでしたよね。

でもあなたがあのとき、ちゃんと正直に、セシウムが降った可能性もあると三つ目もクエスチョンを出していたら、僕らはそれも知った上で対策を立てられたんですよ。それだったらみんなこんなにショックは受けていないんですよ」

担当者は何も言わず、三浦の肩をトントンと叩いて出て行った。反論の余地はなかったのだろう。

●交渉に東電は来なかった

地元の人たちにとっては、隠されている状態というのが、一番イヤなことである。何が起こるか分からないし、対策のとりようがないのだから。

三号機のガレキを撤去しただけで、五〇キロ先、六〇キロ先までセシウムが飛んでいく。東電はこれまで、撤去の際でもほこりが立たないように対策はとっているんだと言ってきたのに、実際にはそうではなかった。

これからもガレキの撤去は続く。東電はまたまた対策はとってやるのだと言っているが、次にセシウムが飛び散らない保証はいったいどこにあるのか。三浦たちは、国と東電に申し入れをおこなった。次の対策は大丈夫だというなら、その保証を提示してくださいという内容である。

セシウムがまた飛び散っても、次も隠されるかもしれない。地元の人は、その危機に常におびえていなければならない。

これから収穫するコメは、南相馬も含めて、放射線量の国基準をクリアーできるだろう。セシウムが降らない限りという条件付きではあるが、そこまでの自信はできた。

セシウムが降るかどうかは、検査機を取り付ければ分かる。だから、南相馬市地域農業再生協議会の前々回の意見交換で、その要望を東電に出した。東電は、「もち帰って検討します」と答えた。

ところが、前回の会議には、東電の社員が一人も来なかった。農水省の課長が、「何か言いたいことは?」と聞いてきたので、「今回、まさか東電が来ないとは思わなかった。この前もち帰って検討しますと言ったのに、ここに来ていないっていうのは、あり得ないことでしょう。それは申し入れてくださいよ」と伝えた。

東電はいったい何を考えているのだろうか。

3、福島の将来に向かって

三浦がどうしてもやりたいのは、将来に向かって、国と東電の責任を明確にしておくことだ。その責任の上に、県民の不安に対処する仕組みをつくっておくことである。

福島では、これから様々な問題が出てくるかもしれない。多くの県民が不安を感じている。そういう不安を払拭するためには、将来に向かって万全の体制をつくるしかない。たとえば、若い人たちが大人になって子どもを産むときに、もし何か起これば、それにちゃんと対処できるような医療の仕組みもつくっておかなければならない。

●他の役所に責任を転嫁させない

そういう立場に国と東電を立たせることができるのかどうか。それがこの闘いの一番大事なところだと三浦は思う。

国と東電は、自分たちには責任はないという立場である。福島県のほとんどの地域は年間二〇ミリシーベルト以下であり、人の健康には何の影響もなく、だから自分たちは加害者ではないというのが、東電の裁判における主張である。それを交渉の場でも言うのである。

東電が「二〇ミリシーベルト以下で、……」と言い始める。そうすると、三浦の第一声は「ふざけるな」である。

「年間二〇ミリシーベルトということは、僕たちがいま住んでいるところの何十倍だと思っているんだ⁉　お前たち自身は、そこに住めるのか⁉　福島県でないところの基準は日本中一ミリシーベルトだよな。福島県民は日本人じゃないのか⁉」

思わずそう言ってしまう。「じゃあ、経済産業省、どうなんだ⁉　それについての見解は⁉」と言うと、もう何も言い返してこない。何も知らないふりをして、「そんな基準あるんですか？」なんて言うのである。知っているくせにである。

基準を定めている厚生労働省はこういう場所には来ない。農水省は福島県民にウソはつけないので、もうやけになってしまう。「厚生労働省がそう言っているんです！」と、一生懸命しゃべるのである。

役所のそれぞれがみんなばらばらだから、三浦たちは、みんなまとめて交渉する。お役所だから、みんな他に責任を転嫁しようとする。東電も含めてである。まとめて交渉すると、責任のもっていきようがなくなってくる。

●田んぼは科学的にコントロールできる

いま農民は先が見えない。南相馬市で実際に米づくりをやっているのは、面積にすると二〇一三は年一二二・五ヘクタールだった。しかし二〇一四年になると一〇〇ヘクタールに落ち込んでいる。面積はまだいい方で、農業従事者の数は半分に減った。

おそかれはやかれ、賠償金は打ち切られるだろう。その後は、風評被害による損害をどう上積みするかという話になっていく。そうなったとして、農業に戻れるかというと、戻れないという人の方が圧倒的に多いと思われる。

南相馬はいまのままでいけば安楽死させられる。これが三浦の見通しである。双葉郡は即死だったが、南相馬はじわじわと死んでいく町になっている。

そんな状態で、前向きになれるだろうか。なれないのは当然だ。

しかし、三浦は前向きだ。なぜなら、田んぼや畑は科学的にコントロールできると考えているからである。

田んぼは、耕せば耕すほどセシウムが下がっていって、空間線量も下がることが分かってきた。この数年間やってみて、植物というのはあまりセシウムを吸わないことが判明したし、吸わなくする方法も探り出してきた。

だから、現状程度の放射線があることについて、それ自体はそんなに問題だとは思っていない。コントロール可能なものはコントロールすればいいだけなのだ。

新地町の畑で芽キャベツの栽培

第二章　なぜ「食べなくて結構』なのか

●福島でがんばることの価値を感じられるか

問題なのは人の気持である。そこに住んでいる人たちが、昔ながらの仕事を続けていていいんだろうかと悩み、あきらめようとする思いの方が強くなっていることである。

周りからは、そんなところに住んでいるから悪いんだと言われるわけである。避難した家族からも、ほらみろ、やっぱりセシウムが飛んできたじゃないかと言われてしまう。

そうすると、福島にいることの正当性というか、価値そのものが見いだせなくなってくる。いつまでも農業にしがみついていていいんだろうか、将来はあるんだろうかと悩みが深まってくる。

それに、四年も農業から離れていると、身体の方も仕事ができる状態からどんどん遠のいていく。三浦もようやく最近になって、農作業ができる身体に戻ってきたと思うが、平均年齢が七〇歳の人たちの身体はもとに戻らない。

南相馬でがんばっている若手の農民は、賠償金をもらうことよりも、自分たちがこれから生きていくために努力しようと思っている人たちである。農業従事者が半分になったのに、作付面積がそれと同じ比率で減らなかったのは、その人たちが前年よりも規模を拡大しているからである。その人たちはがんばろうと思っているのだ。

この土地で農業をやっていく農民をつくっていくには、五年、一〇年を見通した対策が必要である。農地の除染にもそういう見通しが不可欠である。

●役人にとっての「長期」とは「一年」だけど

そして、その間に、そこで農業をやる人を育てていくこと。それがとても大事である。

政府は、それを目標にして援助すべきである。「福島の復興なくして日本の復興なし」と本気で思うなら、復興させるためには、何年もかけて土を元に戻さないとダメなのだから、長期にわたってきちんと所得補償をすることが求められる。

農業というのは、それだけ時間のかかる営みである。農民は、五年とか一〇年のスパンで物事を考える。補助事業の結果をみるのは一〇年後なのだ。その頃、機械や施設の更新時期にもなる。「更新時期にきちんと稼げているかどうかで補助事業の成果が判断できるんだよ」という話をすると、政府の役人は絶句する。彼らが長期という場合は、「一年から二年」という意味だからだ。農業の結果が一年で出るはずがない。ここでいつも農水省ともめてしまうのである。

任期が一年半から二年の農水省官僚にはこれが分からない。こういう当たり前のことを当たり前に教えてあげるのも自分の仕事だ、三浦はそう思って粘り強く説得する。官僚たちだって、分かってくれると、自分の職をなげうってでも協力してくれるのだから。

収穫を前にして

●日本の農業はまったく優遇されていない

「福島の復興なくして日本の復興はない」というなら、こういう長いスパンで福島を見てほしいと思う。援助もそうしてほしいと三浦は主張する。

「日本の農家は守られてコメをつくっている」とよく言われるが、まったく守られていない。アメリカやEU諸国では、農家に対して高額の補助金が出る。所得の一〇〇パーセントが補償されると言ってもいいくらい、補助金で成り立っている。

ということは人件費を含まない生産コストで輸出できるということだ。日本にも多少の補助金はあるが、それは人件費をまかなえるにはほど遠い。そういう日本が他の国と競争したら負けるに決まっている。平等な闘いではないのだ。

EUの農業保護政策はすごい水準だ。WTOがこれから補助金を削減していくことを決め、一〇年後にはゼロにするという方針だ。それを受けてEUは、この制度が決まる前の年に補助金をポンと上げた。一〇年後に予定通りに補助金が削減されても、その結果、現在並みの補助金が維持される仕組みである。

その後はWTOがどういう方針をとるのかは決まっていないが、そもそも一〇年後がどんな世界になっているか分からないから、構わないのだ。そうやってとにかく自分の国の農業を守ろうとしている。

アメリカも自分の農業を守るために必死である。そういう意味では日本ぐらい丸裸なところはない。

日本の農業はすごく恵まれていて、優遇されていると言われている。しかし、もし本当にそうだったら、これだけ農業をやる人が減り続けるなんて、あり得ないことではないだろうか。

●「福島、いいですよ。最高の環境ですよ」

福島県はもう住めない場所になったという議論がある。三浦は、そう考えている人たちにとって住めなくなったというだけであって、住んでいる人にとってはそうではないと考える。人の主観の問題だ。

三浦がいま住んでいるのは、原発から五〇キロのところだ。そこよりもっともっと線量の高いところは世界中にいっぱいある。それに、この程度の距離が離れていれば、何かあってもなんとか逃げられる。

「福島、いいですよ。最高の環境ですよ」。これも三浦の口癖である。

福島は食べ物が美味しくて、何でも採れて、三浦みたいに都会生活がイヤな人間にとっては、これ以上の場所はない。あれだけ自然条件が豊かで、魚もあれば果樹もあり、美味しいものが何でもつくれる。人間らしい生活をしたい人にとっては最高の環境だと三浦は感じる。その上、東京も割と近くにあり、月に一回くらい東電交渉しながら遊びに行くにも、いい場所だ。

マンガの「美味しんぼ」をめぐって、福島は住めるところかそうでないかなど、いろんな議論がある。鼻血が出やすいかどうかも含めて自分の意見を発表するのは誰でも自由であり、「美味しんぼ」にいっさいの真実はないのだとまでは三浦は思わない。しかし、福島に住んでいる人を守りたいとも思っていない人が、福島に人は住めないとしていろいろ口を出すことに対しては、「それはあなたたちが言うべきことではないんじゃないですか」とは言いたくなる。

この問題で一番大事なのは、そこで生活している人がどう思い、どう感じ、それを克服してどう未来をつくるのかということだ。そうしないと救われないのである。この地域で生きている人たちは、みんな本当に真剣に考えて生きているのだから。

第三章
みんなで楽しく生きていく

1、農地でソーラー発電

いま、三浦たちが取り組んでいるテーマのひとつは、ソーラー発電だ。ふたつの分野で取り組んでいる。

●特別区になったことを利用し自然エネルギーを

ひとつは、「農事組合法人　浜通り農産物供給センター」によるものだ。二〇一二年から開始し、農家の屋根や土手などに発電機を置いて、現在、五〇〇キロワットの発電をしている。

農協は農協法という法律によって組合員の福祉のための事業ができるので、ソーラー発電を事業化することはできる。しかし、農事組合法人というのは農業をやる法人なので、それ以外のことはしていけないという縛りがあった。

だから当初、農水省からはソーラー発電をすることはまかりならぬと言われていたのだ。だが、経産省が許可を出してくれたので、全国でも珍しく事業化することが可能になった。福島県が特別区になっているので、こういう取り組みもできるわけである。

復興予算は五年くらいで打ち切りの可能性がある。賠償金もいつまで続くかわからない。先が見えてしまっている。しかし、ソーラー発電でつくった電力は、二〇年の間、固定価格で買い取りしてもらえるのだ。だから、たとえば設備に二〇〇〇万円くらいかかったとして、売り上げが四〇〇〇万円になれば、投資した金額の二倍くらいにはなる計算だ。毎年固定的に定期的にお金が入ってくるので、農家は非常に助かる。

●経産省も反対していたけれど

地元の農家がソーラーパネルで事業を興すという構想に対して、当初、南相馬市の新エネルギー課も反対していた。「認められない」と言い切っていた。

理由は明確には言わなかったが、この事業を大企業にやらせたかったらしい。地元では東芝とのつながりも噂になっていた。

三浦たちは、大手企業が土地を借りてやっても、お金はみんな東電におんぶにだっこしているような企業に落ちるだけで、市には固定資産税が入るが、農地をもっている人にはほとんど恩恵がないことを訴えた。被災して困っている人たちにお金が回らないと、地域にもお金が回らないのだから、福島の復興にはつながらないと指摘した。

東芝のことも持ち出したら、新エネルギー課は、「東芝のことを悪く言わないでください」と言いつつ、発電をするからには企業も地元に貢献をすると言ってくれているなんていう言葉も出してくる。三浦たちが、じゃあ具体的に何を地元のためにやってくれるんですかと聞くと、まだ決まっ

前に立つのが三浦

ていないという答え。

　これではらちが明かないということで、交渉相手を南相馬市農林課に変え、納得してもらう。だが、農林課がＯＫを出してくれても、最後は新エネルギー課に話が戻されてダメになってしまうのではないかと不安になり、なんとかしてもらいたいと市長に相談して、ようやくうまくいくことになったのである。

●ひとつがふたつに、そして広がる

　二〇一四年五月、農山漁村新エネルギー法という法律がつくられ、農地の一部でソーラー発電ができるようになった。これまで農地は農業以外に使ってはいけないということになっていたのだが、そこが変

小高のソーラーパネル

わったのである。

　しかし、農地は農地として守っていくという考え方は、とくに東北の行政関係者の間では牢固としている。関東でなら説明会があれば「どうやればできるんだ」という話になるのだが、東北では「どうすれば認めないようにすることができるか」という話が自治体関係者から出てきてしまう。

　福島でも、農作物の出荷がこれだけ大変になっていても、この考え方が頑強に守られている。三浦たちが市役所に行って、土地の有効利用もできるし、市には固定資産税も入ってくるし、こんなにいいことはないでしょうと言っても、強い抵抗がある。二〇キロ圏内だけでも認めるように求めても、「そんなことを言っても国や県は認めませんよ」と反論してくる。「でも、国も県も認めるって言ってるよ。だから、大丈夫だからやってみな」と言っても、それでもダメだという状況がしばらく続いたそうである。

東北の田舎の行政関係者にとっては、いままで決まっていた法律の枠内に収まることとか、慣習の枠内でいることが大事なことなのだ。例外をひとつ認めたら、全部が崩されると思ってしまうのだ。そういうところは、大きな企業に抵抗するときなどにはいいことだが、地元の農家が農家のためにやることに対して、そこまで頑強に抵抗する必要はないのであって、法的にも何に問題もない話なので、そこは協力しましょうよと三浦は話すそうだ。あきらめないのは自分の本領だと三浦は思う。

ひとつが認められたら、それが前例になって、あとが認められやすくなる。農政課の課長も「まずひとつやりましょうよ」と言ってくれた。もうひとつも認められたので、その二カ所をモデル地区にし、突破してしまえば、みんな認められていくはずである。

●原発周辺で本当に農業ができるようになるのか

ソーラー発電のふたつめ。

ひとつめは、三浦たちがいま農業をやっている場所で、土手や屋根にソーラーパネルを設置するものだが、ふたつめは、それを原発二〇キロ圏内と南相馬市の原町にも広げるものである。つまり、原発事故によって荒れた農地でソーラー発電をおこない、自然エネルギーをつくる事業を大々的に展開していくのだ。賠償金を使い、農協や銀行で借金をしてソーラー発電の設備を設置する。それで自然エネルギーをつくって販売し、収入を得ていくのである。

福島の農家の復興は、五年や六年で終わるような話ではない。

たとえば、三浦が住んでいた井田川という集落にしても、基盤整備の計画があって、国がまた田んぼに戻そうと言っている。しかし、農地にすることのできる土地にするまでの手続きや調査に二年かかるし、砂を埋めたりする作業を終えるのに六年という具合で、最低でも八年はかかってしまう。

また、その土地に放射性物質の仮置き場をつくろうとしているので、本当に農地として復興できるのか、実現可能なのかも分からない状態である。さらに、いまもガレキが点在しているし、大雨が降ると水が抜けなくなる状態がまだ続いているので、川も直さなければならない。

その上に、この場所の一二キロ先に原発がある。つまり、溶け落ちて、これからいったいどうなるか分からない燃料があるのだ。そんなところで本当に農業ができるのだろうか。

●二〇年を食いつなげば土地を孫が活用できるかもしれない

政府は、原発の廃炉までに二〇年から四〇年かかると言っている。そんな状況のなかで、土地を田んぼに戻すという計画を国は立てているのである。「そこで農業を再開したいですか？」と聞かれて、ちゅうちょせずに「したい」と答えるものはいないだろう。

しかし、三浦たちには、昔からずっと暮らしてきたあの土地を、このまま荒らしておくわけにはいかないという強い気持ちもある。そういう気持ちに折り合いをつけるためにも、まず田んぼにするための調査だけはしてもらおう、というところまで集落の集会で決めた。本契約のとき、みんなが再度考えるのではなかろうか。

ソーラー発電は、このことと関連している。農地が復興するまでの一〇年、二〇年をソーラー事業でつないでおこうということだ。これをつなぎの事業として、その間に、それぞれが別の活路を見つけていくようにしようということだ。

高齢者の方は、昔からいた土地との関わりを断たれるのがイヤだろう。そういう人たちが、農地にソーラーパネルを敷き詰め、電気を売ることで収入を得て、避難している子どもや孫たちにお小遣いをあげられるようにする。そうしている間に放射線量が下がったら、子どもや孫たちがその土地を活用してくれるのではないか。そんな一縷の望みをかけている。

●いつか井田川で農業ができるようになれば

ソーラー発電事業をやるには、県や市との交渉が必要となる。ここでも三浦の本領発揮である。

普通は、農地は別の目的には使えない。福島は特別だといっても、何でもできるわけではない。南相馬市と話し合っているときに、役所が農地にソーラーパネルを並べるのを認める一番の条件として出してきたのは、農業復興と絡めることだった。

たとえば、集落で一〇人がお金を出し、それぞれの田んぼにソーラーパネルを設置する。そうすると、そこでグループができる、会社ができる。そこで協議をして、復興の担い手として機能していくようになる。これが南相馬市の農政課が描いたイメージだった。

そこで三浦は、「みさき未来」という合同会社をつくることにする。息子が社長だ。小高区井田川の農地に、二五〇キロの発電が可能なソーラーを並べる。現在農業をしている新地町で農業の担い手を育てるために農業を続けながら、井田川の太陽光パネルで得られる収入によって新地でやっている農業の規模を拡大していく。こうして人材育成をして、いつか井田川で農業ができるようになったときに、復興の中心を担えるようにする。

こういう物語をつくったのだ。それで、南相馬市の復興計画のなかに、ソーラーを農地に並べる事業を位置づけたのである。

これによってソーラー発電である程度の収入を得られるようになれば、周りの人たちも、この事業に取りかかることになれる。そのきっかけづくりをやっているようなものだ。

●全国的に農業の衰退が指摘されるが……

農地として復興するのに予定より時間がかかるということもありうる。そのときは、電力の固定価格での買い取りの期間を、現在の二〇年間からさらに延長してもらうことも求めていくべきだろう。

要は、福島の復興なくして日本の復興はないのだから、福島の復興のためには全力をあげるような体制をつくるということである。それ以外の考え方では福島は復興しない。

電力の固定価格での買い取りというのは、それだけで政府は助成金を出しているのだが、福島の場合、原発避難地付近はさらに三分の一の補助金を出すというモデルである。具体的な価格でいうと、二〇キロ圏内外の事業に対して、プラスアルファで三五億円がついているのだ。

二〇キロ圏内外で事業をやる人など、そうたくさんいるわけではない。地元で相当意欲的な人でないとやれない。大手企業だって来ないだろうし、たとえ来たとしても、集落で排除されるだろう。だからここは、意欲のある三浦たちの独壇場のようなものである。二〇年後か三〇年後、全国的に農業の衰退が指摘されるなかで、農業が復興し、農業の担い手もあふれている福島浜通りの姿を目にすることができるだろうか。楽しみである。

最近、送電網の不備があって、固定買取が制限されるということが報道されている。しかし三浦は気にしない。

送電網の不備についていては、前々から分かっていた問題点なのだ。問題なのだから、これから変えていけばいいというだけのことだ。送電網の不備が問題になるということは、ソーラー発電がそれだけ進んできたことの結果であり、成果だと思うべきだと三浦は思う。

経産省だって、ここまで事業をやってきて、それでポシャってしまったら、いままでの成果が全部ダメになってしまうわけだから、そんなことはできないだろう。抜本的な対策をとるしか問題を解決することはできないのだ。

2、野馬土は何をめざすか

みんなが集まる場をつくるのも、三浦の大事な目標である。野馬土と田んぼアートが、その代表例だ。

●フランスでブドウ園をやらないかと言われたが

東京に避難してきていた二〇一一年の四月のことである。日仏会館の館長の奥さんが福島の農家の方と会いたいということで、知り合いの東京のお米屋さんを通じて連絡があり、東京にいた三浦が会うことになった。

渋谷駅前のカフェ。初対面の彼女は次のように言った。

「もう福島で農業はできないでしょう。私が農地を準備しますし、フランス財団から予算もとったので、息子さんとフランスに行って、農業を始めませんか?」

テレビを見てショックを受けていたのだろう。フランスの政府からも、日本はもう住めない場所だみたいなことを言われたらしくて、そんな話をもってきてくれたのだ。

三浦はただただびっくりした。いきなりフランスで農家をやれとか、ブドウ園はどうかと言われても、何と答えていいか分からない。息子は当時千葉県に避難して農業法人につとめていたし、相馬の農家を裏切るわけにはいかないので、この話はいったんお断りをする。彼女は、福島から避難をしている人たちの応援のため、何にかは知らないが、その予算を使ったらしい。

●相馬で農産物の直売所をやることに

それから一年後のことだ。「農産物供給センター」の理事会で、相馬に事務所を建て、倉庫をつくり、農産物の直売所もやろうかという話が出た。しかし、予算はない。

三浦は、フランス財団のことを思い出す。話をもちかければ、予算を出してくれるかもしれない。

そこで、それまで仲介をしていたセンターの理事（福島県農民連会長）に伝えた。

「やるのはいいけど、僕が始めたら、それは絶対にうまく行くんだからね。そうしたら、会長は絶対直売所に張り付かないといけなくなるけど、それでもいいんだね？」

それを確認した上で、フランス財団に話をもっていった。フランス財団からは、「農産物供給センター」は性格上、協同組合にあたるのでお金は出せないと言われたので、当初、「浜通り農民連」が受け皿となる。農民連は、日本の農業を守るために闘う任意団体なので、問題はなかった。

こうして一六〇〇万円の資金をいただけることになった。ただ、フランス財団は建物にはお金は出さず、人に出すのである。二年くらいはどうせ儲からないだろうからということで、そこで働くパートさんにお金を出してもらうということになる。

●農業だけでなく地域の復興も担えるように

同時に、三浦は、地域の将来のことを考えていた。砦のようなものが必要ではないかと思っていた。農業だけでなく、地域の復興も一緒に担える、普通の人たちも困ったときにここにくれば何とかなる、二〇年、三〇年続く、そんな砦である。

こうして、農産物直売所の運営主体として、NPO法人をつくることにした。それを二〇一二年一〇月にスタートさせた。これからは復興に関することはこのNPOが担いましょうということに

ツアー客で賑わう

した。

それが野馬土である。みっつの意味がある。

野馬土という名前は、ひとつには、遊牧民を意味するフランス語、ノーマドに由来する。土地をもたない人々、土地を離れ、避難している福島県民のことを考えた命名だ。

相馬のお祭りである野馬追（のまおい）にもかけている。騎馬武者が勇壮に戦う夏祭りで、もう一度元気に、明るい生活を営むことができるようにしていきたいという気持ちを表している。これはふたつ目。

遊牧民には土地がない。ノーマドになった福島県民が、相馬という野馬追

野馬土の直売所

のお祭りがある場所で、もう一度復興していくための拠点にしたい。そんな意味をもっている。

さらには、世界に開かれた「野の窓」という意味もある。福島はいま、忘れられそうになっている。この地域の教訓を全国・全世界に発信していきたいということである。

●「福島を忘れないでください」と言わなくても

野馬土には放射線測定器が置いてある。米も野菜も果物も土地も、すべて放射線量を測定する。測定して公表していく作業をどんどん進めている。何が安全で何が安全でないのか、それを見えるかたちにしないといけないというのがコンセプトである。

同時に、野馬土は、原発事故によって人が住めなくなった二〇キロ圏内の情報を、どんどん開示していく。福島県外の人が旅行などでやってくると、みんなをあの場所に案内していく。何人もがツアーの案内をしているが、三浦だけでも年間で二〇〇〇人以上を案内するので、合計するとかなりの数になっている。

よく、「福島を忘れないでください」とか、「原発事故のことを忘れないでください」という言い方がされることがある。でも、そんなことをこちらから言わなくても、現地を案内すれば、みんなそのことをいろんな場所でしゃべりたくなるようだ。だから、案内することは、福島の現実を日本中に広げることでもある。

案内すれば忘れようとしても忘れられなくなる。真実は広まっていく。これが一番大事なことだ。

●野馬土カフェの試み

野馬土をみんなが集まる場所にしたい。三浦はそう考えた。

震災が起きるまでは、農地があって、そこに自然とみんなが集まってきていた。でも今後は、農地がなくても集まれる場所がほしい。

そうやってできたのが、野馬土のカフェである。二〇一三年一二月に建物ができて、オープニン

野馬土カフェ外観

グした。

このカフェを建てたのは三浦たちではない。「有形デザイン機構」という建築系のＮＰＯである。そこが被災地支援の一環として、相馬と南三陸町にプレハブを組み合わせた建物をコミュニティースペースとして二ヵ所つくるということになり、一〇〇〇万円程度の補助を使って建ててくれたのだ。レインボーブリッジ財団という団体からもお金を寄付してもらい、できた建物をプレゼントされた。

つくったのはいいけれど、プレハブなので、夏は暑くて、冬は寒い。コミュニティースペースといいながら、全然快適じゃなく、なかなか集まれない状態が続いた。仕方がないので、「農産物供給センター」の予算を使って補強工事をやり、トイレ等の設備を充実させた。

現在、野馬土カフェでは軽食が出せるようになり、レンタルスペースを使う人も徐々に増えている。こうやって野馬土の空間ができてきたのである。

●みんなが元気になる田んぼアート

人が集まるための取り組みとして、もうひとつ紹介しなければならないことがある。二〇一四年から開始した田んぼアートである。

田んぼアートとは、その言葉からも想像できるだろうが、品種の異なる稲（したがって色も異

田んぼアート〈相馬つなぎ馬のデザイン〉

第三章　みんなで楽しく生きていく

なってくる）を使って、田んぼのなかに絵柄を描くものである。古代米なども使うと、紫や赤、黄なども含め何種類もの彩りになる。五月に植えた稲が、次第に見て分かる絵柄となってくるというわけだ。

これを提案してくれたのも「有形デザイン機構」。アートを通じて被災地の復興に関わりたいということで、一緒に活動してくれている。

田んぼアートをやった場所は、相馬市の岩子という地域だ。津波で被害を受けたが、二〇一四年から稲を植えることができるようになったところである。

この年の田植えには、東京からは舞台美術の人が来たり、兵庫県からは大学生が来たりと、県外からいろんな人が集まってきてくれた。地元の人も参加してくれた。デザインは相馬藩の紋と、相馬のシンボルであるつなぎ馬。つないで暴れている馬、つながれても暴れるというのがテーマであった。

地元の人たちだけでは、どうしても暗くなってしまう。でも、そこにほかの地域の人たちの力を入れることで、自分たちに元気をつけに来てくれているんだとか、あの人たちも楽しんでくれているんだと感じられるようになる。そして、その人たちを接待したいという気持ちも出てきて、みんな元気になれるんじゃないかと思う。

実際、震災後元気をなくしていた人たちが、田植えの手伝いにきてくれた人たちと行動するこ

田んぼアートづくりに集まった人々

とで、一緒に楽しむことができた。この場所を偶然通る人たちも、「ここ、新聞に載ってたよね！」と言って、立ち止まってくれる効果もある。

●田んぼアートで観光客が増える日を夢みて

二〇一五年は、作付けしていない南相馬の人たちと一緒にやりたいと三浦は考えている。南相馬からは若い人たちがたくさん避難をしていて、みんな元気をなくして、自信もなくしている。一方、ようやく二〇一四年から水路の除染が始まるなど、変化もある。

こういうなかで、またみんなで集まれることになって、いままでとは違う企画ができれば、新しい「元気」がでるのではないだろうか。二〇一四年の田んぼアートのノウハウを蓄積し、翌年以降につなげていき、復興にあわせた取り組みにするのが三浦の目標である。

田んぼアートのデザインのすばらしさは、土手の上から見るとよく分かる。だから、相馬の野馬追のときにいろんな地域の人たちを呼んで、相馬市長もご招待をして、盛大にイベントをやろうという計画もあるそうだ。

収穫のときにも、楽しいイベントになるかもしれない。いや、農民は自分たちの収穫で忙しいので、仕事が落ち着いてから、みんなでイベント的に田んぼアートの稲刈りをすることになるのだろうか。

三浦の夢は、どんどんふくらむ。将来的には田んぼアート目当てに観光客が増えるといいなと夢みている。三浦たちが案内する現在の被災地ツアーは、一〇キロ圏内に入って原発の建屋を眺めるのが目玉のひとつだが、今後は田んぼアートを見て、太陽光パネルによる自然エネルギーの取り組みなども観光するようなものになっていくかもしれない。

3、福島原発の今後のこと

●福島原発の危険な状況は変わっていない

原発の再稼働に反対することが全国的な焦点になっている。とても大事な課題である。同時に、三浦は、福島の原発がどんな風になっているのかについて、もっと注目してほしいと感じている。あの原発をちゃんと処理するよう国や東電に働きかけないと、大変なことになるのではないかと危惧している。

福島原発はまだ終わっていない。ところが、多くの人のなかでは、原発事故は過去の問題になっている。そうなっていない場合も、ただセシウムの問題になっているように思える。「福島はかわいそう」、「福島原発のセシウムは危ない」ですまされているのではないか。

しかし、福島原発の危険な状況は、何も変わっていない。三号機の燃料は全部溶け落ちたと公表されたが、その溶け落ちた燃料はどこにあるのか、どんなかたちなのか、どうやって冷やしているのか、何も分かっていない。

福島第一原発三号機近くの海側トレンチ（地下道）にたまっている汚染水を取り除く作業はいまだ試行錯誤の状態である。東電が鳴り物入りで進めた、氷の壁で遮断してトレンチ内の汚染水を抜きとる方法がうまくいかない。その結果、汚染水のタンクもまだまだ増えていく上に、放射性物質はどんどん水で希釈されて海に流されているのである。

●汚染水を海に流す許可を漁民に求めるなんてあり得ない

東電は、現地の漁民に対して、第一原発一〜四号機建屋周辺の地下に溜まっている高濃度汚染水を流すのを許可してほしいと言ってきている。浄化するから大丈夫だと言っているそうだ。正直に言って、汚染水は浄化して基準値以下に下げ、海に捨てる以外に方法はないのだと、三浦も思う。けれども、そうであるならば、それを正直に言わなければダメなのである。しかし、今年（二〇一五年）二月、東京電力福島第一原発で汚染水が排水路を通じて外洋に流出していたことがわかった。

東電は二〇一四年四月から外洋流出を把握しながら公表せず、漁協に隠していた。福島第一原発のガレキ撤去の際、放射性物質が出たことを三浦たちに隠していたときと同じ構図だ。各漁協組合では、「外洋流出を隠していた。信頼関係は崩れた」と批判が相次いでいる。当然のことだ。安全だといくら言われても、こういうことが何度も繰り返されて、不信感が増していく。放射線を不安に思う人々が、国や東電に対して疑心暗鬼になっていくのは仕方のないことだと思える。

その延長上に福島に対するデマや風評被害があるのである。真実をすべて公表し続けなければ、信頼を得ることはできない。間違いがあればその都度正していく、そういう姿勢で進まなければ理解は得られない。

三浦は思う。福島県の漁民に許可を求めるようなやり方は、あまりにずるすぎる。そんな事ができる様な権限が福島県の漁民にあるはずもない。それなのに許可を求めるのは、浄化した汚染水を海に流して世界中からバッシングを受けたときに、「アレは漁民が認めたんだ」とでも言うつもりではないだろうか。あり得ないことである。

●原発を監視する拠点を南相馬に置くことも考える

そもそも、高濃度の放射性物質が拡散する危険も、まったく去っていない。燃料プールから燃料棒を抜く作業がおこなわれているが、落下破損して中の燃料が露出したら大量の放射性物質が放出され、大変なことになると思え、それが怖い。

三〇年から四〇年で廃炉にするというのが政府の公式見解である。しかしこれは、別の言葉で言

新日本婦人の会福島支部との農業体験交流会（ジャガイモ掘り）

えば、いまのところ廃炉にするやり方が見つからないということを意味している。数十年もあれば、燃料を取り出す技術を世界のどこかで誰かが発明してくれるだろうというのが、この計画なのである。

その間に、何かをきっかけにして爆発が起こったらどうするのか。それなのに、東京電力も国も縦割りで、誰も責任をとろうとしていない。

しかも、長引く作業のなかで、原発の作業員が劣化しているのではないかとも思えて、心配が募る。三浦たちは、国との交渉においても、原発労働者の労働条件を改善しろと要求しているが、それはちゃんとした労働条件にしていかないと、危ないことが起こる確率がだんだん高まっている気がしてしようがないからでもある。

国と東電に責任を果たさせるためにも、あの原発を監視しておく必要がある。三浦は、そのために南相馬に拠点を置くことを考えはじめたところだ。二〇キロ圏内にソーラーパネルを並べたりするのも、国民の関心を高め、あの原発を監視しているぞということを国と東電に示すためでもあるのだ。

●「どうやって楽しく生きていくかが人生のすべて」

浪江町など双葉郡の自治体は、もう自治体として機能していない。だからそこは解散して、それぞれの人が生活空間を新たにつくればいいだけの話なのである。三浦はそう思っている。

それで困るのは浪江の町長と職員だけで、あとの人はあきらめがつくのだ。それで、それぞれのところでもう一回生活を立ち上げていく。その方が後ろ髪を引かれないし、どれだけ楽か分からない。

もう住めないという現実をちゃんと直視しなきゃいけないのである。そのネックになるものを解消すればいいのだ。浪江は解散して職員はすべて浪江の人たちが行った自治体が吸収する。それを国が全面的にバックアップするということだ。それで解決できる問題なのではないか。

そういう話を三浦は震災直後からしていた。みんなは、「それを言えるのは君だけだよ」と笑ったり、あきれたりしていたそうだが。

「だけど、後ろを向いていたら暗くなるだけじゃないですか。どうやって楽しく生きていくかということが私の人生のすべてなんですよ。農業をやりながらね。

どうせ生きていくなら楽しく行きたい。暗く沈んで生きるなんて、どれだけひどいもんだか。ただでさえ、孤独死したりしている人がいっぱいいるわけですよ。

そうじゃなくて、僕たちは前向きに楽しく生きていきたい。

たとえば、家族が県外に避難してしまって、残った農家のお年寄りたちは、そりゃあ大変なんです。でも、そういう人たちが自分の楽しめることをつくっていけばいいわけです。ソーラーパネルで楽しむ人、田んぼアートで楽しむ人、野馬土で楽しむ人、いろんな楽しみを増やしていきたい。

そして、交渉ごとで楽しむ人もいます。僕のように……」

左から草平さん、三浦さん、母トシさん、妻良子さん

第三章　みんなで楽しく生きていく

おわりに

震災のあった年の実りの秋を迎える頃、私は、福島の生産物がどこまで安全なのか、気になりだした。福島の名産である桃の出荷がピークを迎えていた。桃は地中深くに根を張るため、土の上層に付着したセシウムを吸収することはほとんどなく、安全な桃を収穫できることが分かった。でも、それを県外の人たちの多くは信じてくれない。桃だけではなく農作物全体が県外に出荷できなかったり、買いたたかれてしまう状況が続いていた。

私はその秋、福島県相馬市と南相馬市をはじめて訪れた。津波被害の痕がすさまじく、放射能汚染によって、立ち入り禁止地域は広範囲に及び、避難地域の高校が他地域に仮校舎を建てて子どもたちは学んでいた。仮設住宅がたくさん建ち――報道で見聞きしていた世界がそこに広がっている――、南相馬市原町地区は町の中心部だったが、あの頃はまだ子どもたちが避難しており、車もほとんど通らない――。

正直に言って暗く重たい気分だった。本当の「被害」と「風評被害」がごちゃ混ぜになって、科学に疎い私たちには何が安全で何が危険なのか、よく分からない。福島第一原発の事故直後は、チェルノブイリでの悲惨な状況を思い出し、漠然とした不安に気持ちが揺れていた。

震災から二年目の３・11。

三浦さんにはじめて野馬土でお会いしたとき、弾けるような笑顔、テンション高くジョークを交えた説明が強烈だった。すべてのコメを検査していること、安全なものしか出荷しないこと、土づくりからこだわっていることなど、見えない放射線と闘いながらの農業を、彼はどこか楽しそうに話すのだ。さぞや怒りと悲しみに満ちた苦労話の数々——をある意味期待していた私は、拍子抜けすると同時に、三浦さんに元気をもらった。とにかく安全な作物づくりをがんばっているから、それをあなた方の地域に帰って話してほしい、伝えてほしい——。そう語る三浦さんが頼もしく見えた。

その翌年、三年目の３・11。再度訪れたときに三浦さんの口から出てきたのが、この本のタイトルになっている言葉だった。

ニコニコと相変わらず元気な声でそう語った。科学的な知恵と農作業の方法によって、安全なコメづくりができることが確信に変わっているようだった。福島は放射線量を測定している唯一の県。測定した上で「安全」だといえるのは福島県だけなのである。他県の場合、調べて微量であれ、もしも検出してしまったら風評被害につながるから、決して測らない。

本来はコメ袋の抜き取り検査でも十分な結果が得られたはずだが、彼はあえて全袋検査にこだわった。それは「安全」と「安心」は別物だと知っていたからだ。すべてを測る、データを隠さない、目標はもちろん基準値以下、計測不能なレベルまで安全なコメをつくり提供すること。

そんな三浦さんたち生産者の方々を思うとき、私は福島に対する非科学的な言説を何度も目にし、不愉快で仕方がなかった。風評被害はいまだ根強く、消費者の間からなかなか放射能への不安のすべてを払拭することはできていない。

福島県内に住む方々ではなく、一度も福島へ行ったことのない人たちたちからの「ごくわずかな放射性物質も許せない、だから福島は危険で住めない」という声には、「だったら病院で胃透視やCT検査もできないし、飛行機にも乗れないよね」などと、私は意地悪な返事を返すこともあった。

そんな私の「怒り」を三浦さんに話すと、彼は「僕にとって、そんなことはど～～でもいいことなんです。腹も立ちません」と相変わらず豪快に笑いながら言い放つ。作物に「不安」を感じる人がいることは事実であり、そうさせているのは福島の農民たちではなく、政府であり東電なのだ。「不安」や「怒り」の矛先は東電や政府にすべて向けさえすればいい――。彼は取材中一貫してそう言い切る。

それだけではない。三浦さんは、科学的に安全だという事実を、不安に思う人たちに押しつけてはいけないと言う。事故後、東電も政府も平気でデータを隠し、嘘を重ねた。そのせいで何が本当のことなのか、疑心暗鬼になっている人たちがいるのは事実である。

「そんな人たちに福島県産の作物が安心して食べられるものなんだよと伝えるには、とても長い時間がかかるんです。敵は食べてくれない消費者じゃない、東電と政府なんだよ」

三浦さんの話を聞くうちに、「こういうアプローチもあり得るな」と、次第に思い始めた。確かに、福島のおコメの安全性は、科学的には実証されている。全袋を検査するのだから当然である。そして、科学の成果にもとづいて、それを消費者に伝えていくことは、ひとつの大事なアプローチである。

しかし、科学的にどうかというだけでは、どうしても納得しきれない気持ちが残る人も出てくるものだ。実際に食べられるかどうかは、三浦さんが言うように、人の「心」の問題だからだ。たとえば、ハエが止まったケーキを前にして、ハエが触った部分を取り除き、他の部分には影響がないことを測定によって証明したとしても、食べられない人はいるのである。

そういう不安をもつ人に、「安全が確かめられたから食べてほしい」というと、きっと押しつけられているように感じるのではないだろうか。逆効果になるわけだ。

三浦さんの立場は、そこを突破するものになると思う。コメをつくっている本人が、「安全だけど、食べなくていいですよ」と言うのだから。「あなたが食べてくれる気持ちになるまで、ぼくは毎年毎年、安全なコメをつくり続け、測り続けます」。そう言うのだから。

なんと言ったらいいいか、福島の農民は自分のことを考えてくれているんだなというような、そんな信頼感をもたせてくれるのである。そういうアプローチも大事だと思う。

脱原発運動の内部で、福島の食材や居住に関する話題で分裂することは、東電や政府の「思うつぼ」だと三浦さんは語る。彼の東電や政府との闘い、安心安全をめざすコメづくりは、これからまだ続く。

福島県産米の放射性物質検査。本文中に書いたように、全袋を対象にして、国の基準値を超えるかどうかを調べていく。一〇〇〇万袋以上を調べた二〇一二年度では七一袋、一三年度では二八袋が基準値を超えていた。

しかし、二〇一四年産では、約一〇六七万七一九九袋はすべて基準値を下回り、そのうちの九九・九八％にあたる一〇六七万五三一〇袋は、検出限界値以下であった。はじめてのことである。

三浦さんは語る。

「3・11を通じて、絶対はない、ということを学びました。だから、何でも提案し、とにかくやってみることが大事だと思っています。それで失敗したら、修正して、また挑戦すればいいだけのことです。間違いを恐れて何もやらないのではなく、事態が何も進まないことを恐れるようにしたいのです」

恐れないで進んだ結果が、こうして少しずつ実を結んでいく。

野馬土（のまど）

被災地での太陽光発電の拡大や農産物や土壌の放射能測定、農産品や加工品の直売、福島産のコメや野菜の生産・販売、農家の営農継続の応援、コミュニティーカフェでの軽食堂の運営と様々なイベントの開催、原発20km圏内の今を知るツアーや国・東京電力との交渉など、復興に役立つと思われる事業を多様な形で展開中。

住所 福島県相馬市石上字南白髭320
電話 0244-26-8437　FAX 0244-26-8203
URL http://www.projetnomado.com/
メール info@projetnomado.com

・産直品のお求め→ホームページの商品ページから選び、メールかFAXで。
・被災地案内の申し込み→希望日程と電話番号を記載し、メールかFAXで。

野馬土は、農業をベースに相馬地方の復興を進めています。
　復興に携わってみたい方、
　農業をやってみたい方、
　農業法人に就職しながら農業研修を受けてみたい方など、
　意欲的なマンパワーを求めています。
福島の復興に力を貸していただける方は、お気軽にお申込みください。

かたやま いずみ
フリーライター(今回が初作品。ネット上では「お玉おばさん」として活躍)

福島のおコメは安全ですが、食べてくれなくて結構です。
三浦広志の愉快な闘い

2015年3月1日　第1刷発行
2015年4月1日　第2刷発行

著　者　ⓒかたやま いずみ
発行者　竹村正治
発行所　株式会社　かもがわ出版
〒602-8119　京都市上京区堀川通出水西入
TEL 075-432-2868 FAX 075-432-2869
振替　01010-5-12436
ホームページ　http://www.kamogawa.co.jp
印刷所　シナノ書籍印刷株式会社

ISBN978-4-7803-0753-5　C0036